太空之旅

［英］萨拉·克鲁达斯/著　　王金/译

C²S | K 湖南科学技术出版社　博集天卷 CS-BOOKY

Penguin
Random
House

Original Title: The Space Race
Copyright © Dorling Kindersley Limited, 2019
A Penguin Random House Company

著作权合同登记号：图字18-2019-240

图书在版编目（CIP）数据

太空之旅 /（英）萨拉·克鲁达斯（Sarah Cruddas）
著；王金译. -- 长沙：湖南科学技术出版社, 2019.12
ISBN 978-7-5710-0374-6

Ⅰ.①太… Ⅱ.①萨… ②王… Ⅲ.①宇宙—青少年
读物 Ⅳ.①P159-49

中国版本图书馆CIP数据核字（2019）第242797号

上架建议：畅销·科普

TAIKONG ZHI LU
太空之旅

作　　者：［英］萨拉·克鲁达斯
译　　者：王　金
出 版 人：张旭东
责任编辑：林澧波
监　　制：吴文娟
策划编辑：黄　琰
特约编辑：包　玥
版权支持：张雪珂
营销编辑：程奕龙
封面设计：李　洁
版式设计：李　洁
出　　版：湖南科学技术出版社（长沙市湘雅路276号 邮编：410008）
网　　址：www.hnstp.com
印　　刷：鹤山雅图仕印刷有限公司
经　　销：新华书店
开　　本：255mm × 213mm 1/16
字　　数：166千字
印　　张：12
版　　次：2019年12月第1版
印　　次：2019年12月第1次印刷
书　　号：ISBN 978-7-5710-0374-6
定　　价：108.00元

若有质量问题，请致电质量监督电话：010-59096394
团购电话：010-59320018

A WORLD OF IDEAS:
SEE ALL THERE IS TO KNOW
www.dk.com

太空之旅
THE SPACE RACE

目 录

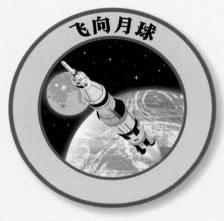

飞向月球

"阿波罗11"号之后

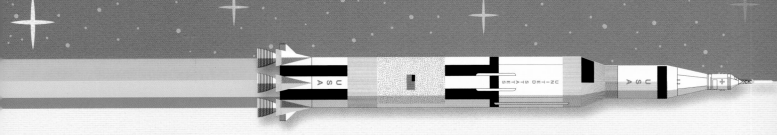

前　言

进入太空是人一生中最激动人心的时刻。在太空中度过的每一分每一秒都是如此美妙——透过航天飞机的窗户远眺地球，地球上的一切仿佛就在眼前：熊熊燃烧的火焰、船舶留下的尾迹，色彩缤纷的海洋。有时你甚至还能看到皑皑白雪和茂密的丛林。抬起双臂，飘在空中，这时你仿佛已经脱离了航天飞机，轻盈地飞翔在地球的上空。在太空中，除了可以欣赏美丽的地球，最奇妙的事情莫过于失重。摆脱了重力的束缚，你会飘浮在空中，就像来到了童话世界。

9岁那年，我就对太空产生了浓厚的兴趣。我最爱看那些著名宇航员的故事。双子座计划中的宇航员们陆续前往太空，让我羡慕不已，我很想成为他们中的一员。不过当时的宇航员全都是男性，女性成为宇航员似乎是不太可能的事情，但我并没有因此放弃梦想。我告诉自己，终有一天我会成为一名宇航员！为了终极的飞翔，我一定要飞得更远、更快、更高。"阿波罗"号宇航员登月的那一年，我开始学习飞行理论。

我出生在一个并不富裕的家庭。为了不给家里增添负担，16岁那年，我用打工赚来的钱购买了我梦寐以求的飞行课。后来，我成为第一批和空军一起进行飞行训练的女性。当时女性不能加入空军，但经过艰苦的训练，我最终作为一名飞行教员留了下来。我因此得以驾驶喷气式战斗机，积累了大量的飞行经验，并得以参加空军飞行员学校的考试，获得了宇航员的申请资格。

后来，我被美国国家航空航天局（NASA）选中，成为美国历史上首位驾驶航天飞机的女性，实现了多年来的梦想。不仅如此，这还意味着我将有机会成为一名航天飞机机长。为了能承担起机长的重任，我下定决心，要全力以赴。在工作中，我与队友们和谐相处，共同努力，组织并协调大家一起完成飞行任务。

我曾作为宇航员两度飞往太空。1999年，我被任命为航天飞机机长，实现了女性在这一位置上"零的突破"。对我来说，这是一项极大的荣誉，同时也意味着极大的挑战。

亲爱的小读者们，我对你们的建议是，要去了解世界，探索世界。只有在这个过程中，你们才能慢慢了解到自己真正想要的是什么。学好数学、自然科学和工程学，这些学科在未来的社会中会扮演十分重要的角色。重视语言学习，因为有很多国家参与太空探索，多学几门语言有助于你们之间的交流。

希望未来我们能登上火星。为此，我们还要再次登月，在月球上测试设备。目前为止，人类已经有12个人登上过月球。他们在1969年到1972年间完成了这项壮举，但是他们中并没有女性。女性完全有能力执行登月任务，但在当时的大环境下，她们被排除在外。我坚信，未来女性一定会登上月球，人类也一定会登上火星。

希望未来我们可以提高航天飞机的速度，这样我们就可以前往太阳系的其他星球，最终飞出太阳系。未来的太空探索有着无限多的可能，亲爱的小读者们，希望你们也能参与其中。

Eileen M. Collins

宇航员艾琳·科林斯
首位航天飞机女机长

一张来自太空的图片足以改变我们对现有世界的看法。看，这就是在月球上拍摄到的地球，我们的家园。它就像是一块蓝色的大理石贴在宇宙这片黑色的背景墙上。我们所知道的世间万物：动物、植物、人类，全都生活在上面。

四千年以来，人们一直都渴望了解太空，并且陆续发明了很多工具，例如望远镜，来更好地认识太空。人们更想前往太空，亲自登上某个星球。直到20世纪，这个梦想才终于变成了现实。

现在我们已经进入了太空时代。一些人在太空里生活、工作。太空探索也在不断取得新的进展。太空探索之所以激动人心，是因为太空中有太多的未知。我们现在已经知道太空中有很多行星，多到可能永远也数不清。它们离我们太遥远，我们用肉眼看不到它们，也不知道那里是否会有生命存在。

在好奇心的驱使下，我们飞向太空。为了探寻宇宙中的未解之谜，我们会继续前行。

地出

这张照片由"阿波罗8"号的机组人员于 1968年12月24日拍摄。这是人类历史上 第一张从月球角度拍摄的地球照片

我们的太阳系

欢迎来到太阳系。

我们的太阳系中有一个绝对的主宰，那就是太阳，所有其他东西都围绕着太阳这颗恒星运转。那么围绕太阳运转的有哪些东西呢？这其中有八大行星（4颗由岩石组成，4颗由气体组成）和它们的卫星、矮行星、小行星带、彗星和柯伊伯带。

小行星带

太阳

水星

金星

地球

火星

木星

彗星

太阳

水星

金星

地球

火星

木星

土星

冥王星
冥王星是一颗矮行星。它要花上248年才能绕太阳一周

天王星

海王星

土星

柯伊伯带
柯伊伯带位于太阳系边缘，由数以亿计的冰冷天体（包括彗星和矮行星）构成

难以想象的距离

　　各种天体之间的距离实在是太远了。地球距离太阳约1.5亿千米。这个距离被科学家称作一个天文单位。

天王星　　　　　　　　　海王星

岩石行星

　　太阳系中内侧的4颗星球被称为岩石行星（或称类地行星），因为它们主要由岩石组成。

水星
水星是最靠近太阳的行星。水星表面没有空气，炽热无比。

金星
金星是离太阳第二近的行星。金星有厚厚的大气层，可以压扁任何试图降落在金星表面的宇宙飞船。

地球
地球是太阳系由内向外的第三颗行星，其体积在太阳系中排名第五。地球是我们赖以生存的家园。

火星
由于其土壤中富含氧化铁，所以表面呈红色，因此火星又被称为"红色星球"。

气态巨行星

　　这4颗行星位于太阳系的外侧，它们是太阳系中最大的行星。由于这四颗行星主要由气体组成，所以宇宙飞船无法在它们表面登陆。

木星
木星是太阳系中最大的行星。一个木星可以装下1300多个地球！

土星
土星最为人所熟知的就是它美丽的光环。这圈光环由岩石和冰块组成。

天王星
天王星是太阳系中的"怪胎"。它几乎是横躺着绕太阳运转。

海王星
海王星是距离太阳最远的行星，同时它也是太阳系中风刮得最为猛烈的行星。

我们的恒星太阳是银河系中数千亿恒星中的一颗。而银河系又是宇宙中几十亿星系中的一个。宇宙中有太多的恒星和星系，没有人能数得清它们的总数。

太阳系

地球位于太阳系，围绕太阳运转。太阳在银河系，和其他很多恒星一样，有许多行星围绕它运转。

地球

地球具备了孕育生命的所有要素。它离太阳的距离不远也不近，温度适中，液态水也因此得以存在。到目前为之，地球是我们已知唯一拥有生命的星球。

银河系

太阳系位于银河系旋臂外侧，围绕着银河系的正中心（即银心）运转。其运转一周要花上2.3亿年。

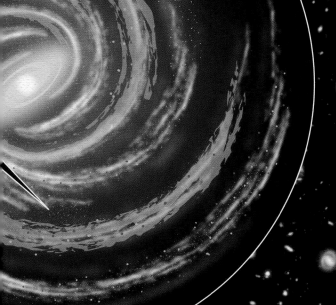

宇宙中的星系

　　这张照片由哈勃空间望远镜拍摄。图上的每个亮点都是一个星系。宇宙中有成千上万亿个星系，图片里的这些星系不过是沧海一粟。

石器时代
人们在法国西南部的拉斯科洞穴中发现了这样一幅洞穴壁画：公牛的肩膀上画着6颗星星（也就是昴星团）。这幅壁画创作于一万五千多年前的石器时代

古希腊时期
古希腊人把行星叫作"游星"，因为他们观察到天空中的星星总是在移动。古希腊天文学家是最早开始研究太阳系的一批人

仰望星空

在一个晴朗的夜晚，你抬起头，看着满天繁星，不禁思绪万千，宇宙里到底都有些什么？浩瀚的星空一直吸引着人们的目光，仰望星空是人类永恒不变的追求。

几千年前的洞穴壁画见证了人类和星空的第一次亲密接触。后来，天文学家开始研究太空，并绘制了星图。在地理大发现时期（1450年—1750年），海洋成为人们探索地球的主战场。在大海中航行时，水手们通过观察日月星辰的运动轨迹来辨认方向。

20世纪初，随着科技的迅速发展，人们的太空梦也变得愈发强烈。科幻作家开始描写人类登月或者前往外太空时的场景，但在那个时代，离开地球，走向太空，仍然只是个遥不可及的梦想。

星空导航

在海上航行时，水手们会通过测量夜空中星星的位置来导航。星星的分布，可以帮助他们分清东南西北

古代中国

中国人很早就开始研究天文学。在古代中国人的眼里，日月星辰是皇权的象征。这张创作于公元700年左右的中国古代星象图是现有已知最早的星图

科幻小说

1898年，科幻作家赫伯特·乔治·威尔斯出版了《世界之战》。书中有关外星人和太空航行的描写让读者大开眼界

THE WAR OF THE WORLDS

H.G. WELLS

早期的太空梦

1902年，一部名为《月球旅行记》的法国电影上映了。电影中，科学家们被地球上的一座大炮发射出去，一路飞到月球

蒙哥尔费热气球
蒙哥尔费兄弟在法国南部发明了热气球。这一发明标志了空中之旅的开始

向上，向上，起飞！

莱特飞行器
莱特飞行器是世界上第一台成功升空的飞机。它由木头和布罩组成

在飞向太空之前，我们需要先征服天空。而一些早期的尝试，比如带着翅膀模仿鸟儿飞翔，并没有取得好的结果。

1783年，人类完成了第一次突破。一只羊、一只鸭子和一只公鸡成为热气球的首批乘客飞上了天空。到了1903年12月17日，一对来自美国的兄弟——奥维尔·莱特和威尔伯·莱特，将看似不可能的事情变成了可能。莱特兄弟设计并试飞成功了世界首架飞机——莱特飞行器。第一次试飞虽然只持续了12秒，但它鼓舞了更多人投入到飞行事业中去。

一个新的探索时代来临了。1927年，查

洛克希德织女星型飞机
1932年，阿梅莉亚·埃尔哈特驾驶着这架洛克希德织女星型飞机独自一人飞越了大西洋。阿梅莉亚·埃尔哈特被称作"空中女王"，她是当时最有名的飞行员之一

"圣路易精神"号
"圣路易精神"号定制版单座单翼飞机。查尔斯·林德伯格驾驶着它飞越了大西洋

贝尔X-1
贝尔X-1是被用来帮助人们试验飞行可行性的试验机

尔斯·林德伯格成为第一个驾驶飞机从纽约飞至巴黎的人。1932年，阿梅莉亚·埃尔哈特成为第一个驾驶飞机横跨大西洋的女性飞行员。

二战期间，飞机逐渐变得更大、更加有威力。一些国家——例如英国、美国、德国、日本——制造了新型号的轰炸机、战斗机和运输机。查克·叶格于1947年试飞的贝尔X-1就是在此基础上发展、制造出来的。贝尔X-1相较于一般的飞机，更像是一艘航空火箭，它的飞行速度甚至比声速还要快！这款"火箭飞机"证实了太空飞行是有可能实现的。

要想飞向太空，我们首先需要一枚动力强劲的火箭。尽管运载宇宙飞船的火箭是现代文明的产物，但其雏形早在几千年前就已开始形成。

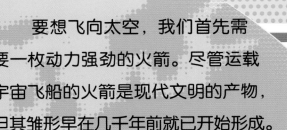

阿契塔和会飞的木鸽子
这只会飞的木鸽子由蒸汽驱动

古希腊科学家和哲学家阿契塔是最早构想火箭的人之一。大约公元前400年，他就制造了一只由蒸汽驱动的木鸽。这只木鸽连接着一根输送蒸汽的管子，可以飞行约200米。不过，世界上第一枚真正意义上的火箭是古代中国人发明的，因为他们率先发明了火药。

火 箭 力 量

古代中国人将纸筒包裹的火药绑于箭竿，火药点燃后产生强大的冲力，能将箭发射出去。这样的火箭在公元1200年左右被投入军事使用。

不过，直到了20世纪初，科学家们才开始思考火箭飞向太空的可能性。第二次世界大战期间，纳粹德国的工程师们在火箭专家沃纳·冯·布劳恩的带领下，发明了V-2火箭。这枚作为远程导弹而发明出来的火箭，威力巨大，几乎可以飞入太空。

古代中国的火箭
点燃纸筒中的火药后，从一端喷出火焰，进而将箭向前发射出去

康斯坦丁·齐奥尔科夫斯基
1903年，苏联工程师康斯坦丁·齐奥尔科夫斯基计算出了火箭发射所需要的数学方程式

火箭的工作原理

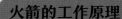

火箭的基本工作原理其实很简单。火箭内部的燃料燃烧产生气体，推动火箭升空。火箭的底部有供气体外逸的孔。火箭的顶部呈流线型，可以减少其在空中飞行时所遇到的阻力。

反作用力
在后部喷出的气体作用下，火箭向上运动

作用力
在底部引擎喷出的气体作用下，火箭向前运动

罗伯特·戈达德
20世纪20年代末，美国工程师罗伯特·戈达德发射了世界上第一枚液体燃料火箭。他向世界证明了火箭在太空旅行上所具有的潜力，为现代火箭技术打下了基础

罗贝尔·埃斯诺－佩尔特里
20世纪30年代，法国工程师罗贝尔·埃斯诺-佩尔特里开始对不同类型的火箭展开研究。在一次试验中，他甚至被炸断了几根手指

赫尔曼·奥伯特
受科幻小说影响，德国物理学家、工程师赫尔曼·奥伯特出版了有关火箭发射和太空旅行的经典著作，这些著作阐述了火箭是如何摆脱地球重力的

V-2火箭
V-2火箭于1942年第二次世界大战期间作为武器首次投入使用。它的出现让人们意识到，火箭可以帮助人类进入太空

冯·布劳恩

第二次世界大战期间，美国和苏联并肩作战，打败了纳粹国家。然而，在战争结束后，昔日的盟友却产生了冲突。1945年，冷战爆发。这场战争和以往任何一场战争都不同，没有硝烟，没有战火，但却是两个超级大国之间的碰撞。

冷战期间，美国和苏联并没有在战场上兵戎相见，而是争先恐后地想向世人证明，自己的体制才是最好的。它们极力扩大自己在全世界的影响力，而探索太空就是其中一个很好的方法。为此双方都需要最顶尖的火箭专家为其效力，沃纳·冯·布劳恩和谢尔盖·科罗廖夫就是其中的典型代表。

美国和苏联开始完善各自的航天技术。第二次世界大战结束后，那些打造了德

沃纳·冯·布劳恩（1912—1977）

沃纳·冯·布劳恩出生于德国。从年少时起，他就对太空旅行很感兴趣。在火箭先驱赫尔曼·奥伯特的激励下，他最终成为一名出色的火箭专家。后来，冯·布劳恩进入美国国家航空航天局工作，为美国的火箭研究事业做出了巨大贡献。

VS

科罗廖夫

国V-2火箭的科学家有些去了苏联，还有很多（包括V-2火箭的发明者冯·布劳恩）则去了美国。在美国安定下来之后，冯·布劳恩和他的团队开始为美国制造火箭。后来，他们又加入了新成立的美国国家航空航天局。

与此同时，苏联的太空团队则由谢尔盖·科罗廖夫领导。谢尔盖·科罗廖夫是一名杰出的火箭工程师和设计师。他主导了苏联的太空探索计划和宇宙飞船设计。1955年夏天，美国宣布要将卫星送入太空。几天后，不甘示弱的苏联也做了相同的表态。由此，太空竞赛开始了。

谢尔盖·科罗廖夫（1907—1966）

谢尔盖·科罗廖夫出生于现在的乌克兰境内。他原本是一个飞机设计师，后来成为苏联太空探索的总工程师。不过在当时，他的名字处在绝对保密的状态。

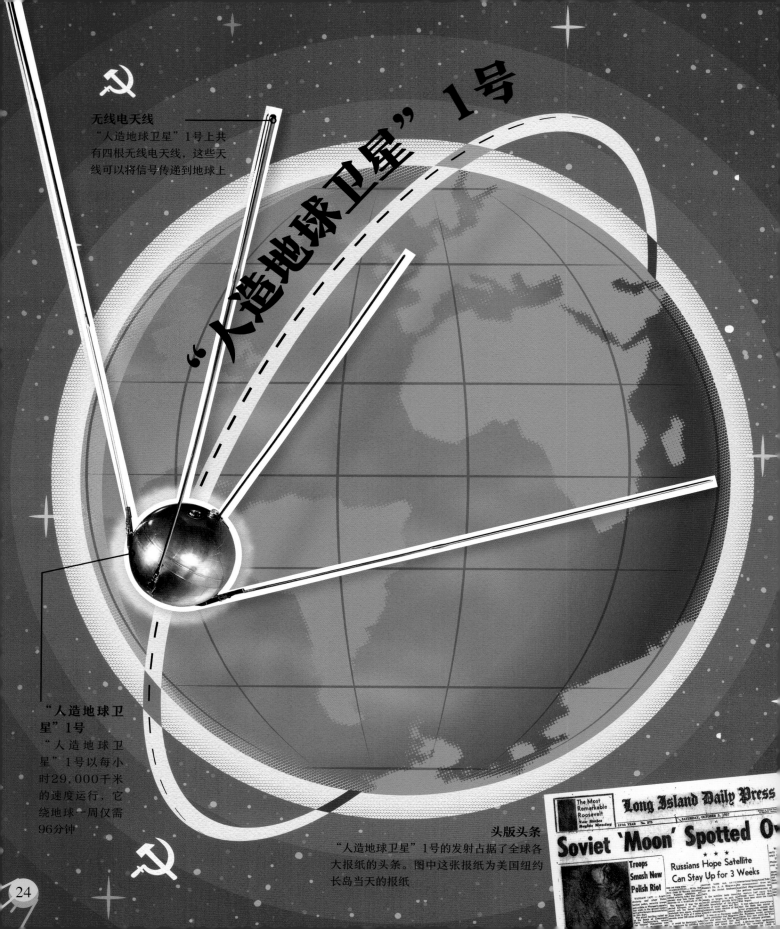

"人造地球卫星"1号

无线电天线
"人造地球卫星"1号上共有四根无线电天线，这些天线可以将信号传递到地球上

"人造地球卫星"1号
"人造地球卫星"1号以每小时29,000千米的速度运行，它绕地球一周仅需96分钟

头版头条
"人造地球卫星"1号的发射占据了全球各大报纸的头条。图中这张报纸为美国纽约长岛当天的报纸

The Most Remarkable Roosevelt
New States Begins Monday

Long Island Daily Press

Soviet 'Moon' Spotted O

Troops Smash New Polish Riot

Russians Hope Satellite Can Stay Up for 3 Weeks

1957年10月4日，一颗银色卫星被装在火箭顶部送入太空。这颗和沙滩排球差不多大小的卫星是全世界第一个成功升空、围绕着地球运转的人造物体。不过美国人很失望，因为这颗卫星是苏联人发射的。

这颗名为"斯普特尼克"（俄语中意为"旅伴"）的小卫星（后通常被称为"人造地球卫星"1号），可以将无线信号传递回地球，告知人们它所在的位置。"人造地球卫星"1号的成功发射让人们又惊又惧。苏联和美国之间已经势同水火，人们担心卫星发射会引发又一场世界大战。

不过，兴奋之情也在全世界蔓延，因为"人造地球卫星"1号标志着人类已经进入太空时代。它围绕地球运行了三周后电池耗尽，无法继续发送信号。后来，它返回地球，在经过大气层的时候燃烧殆尽。人们都在问："下一个进入太空的会是人类吗？"

从地球上看
"人造地球卫星"1号就像是一颗从天空中划过的流星

夜观卫星的人们
全世界的人都在凝视着夜空，希望看到"人造地球卫星"1号的身影

小狗"莱卡"乘坐"人造地球卫星"2号环绕地球飞行之后，科学家们又将更多的狗送上太空，并最终成功地将人也送进了太空。但遗憾的是，小狗"莱卡"却在环绕地球飞行时不幸身亡。

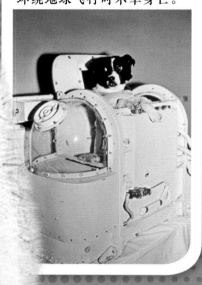

太空中的动物

动物为人类进军太空铺平了道路。人类在进入太空后能否活下来？如果能活下来，人类的身体会受到哪些影响？这些都是科学家们想要解决的问题。

为了检测太空旅行对活体的影响，科学家们决定先把动物送进太空。第二次世界大战刚刚结束后不久，这样的实验就开始了。1947年，美国人用一枚德国V-2火箭将果蝇送上了太空。20世纪40年代末到20世纪50年代初，各种各样的小动物——比如老鼠——都被送上了高空。其中最著名的

是一只来自苏联的流浪狗莱卡。1957年11月3日，莱卡成为第一只绕地球轨道飞行的动物。

黑猩猩也被送进了太空。其中有一只名为"汉姆"的黑猩猩在升空前还接受过专门的训练。科学家们用香蕉作为奖励，教会它按照一定顺序拉动不同的杠杆。美国国家航空航天局的科学家们想知道，在太空失重的环境下，汉姆能否顺利完成任务。最终，汉姆的太空任务持续了16分钟。

汉姆的使命

1951年1月，年仅3岁的黑猩猩"汉姆"被送入太空，它也因此被人们亲切地称为"太空黑猩猩"。从太空中返回后，它光荣退役，在华盛顿的国家动物园度过了余生。

有请……
水星七杰

让我们一起认识一下艾伦、加斯、戈尔登、瓦尔特、迪克、约翰和斯科特。1959年，这7人成为美国首批宇航员。他们的名字传遍了全世界，人称"水星七杰"。

通过层层选拔，"水星七杰"从一百多名优秀的飞行员中脱颖而出，成为第一批宇航员。他们善于驾驶不同种类的飞机，在面对危险时，能沉着冷静，快速应对。7人展现出了宇航员应有的素质。他们通过了科学家模拟的太空险情测试，并且他们的身高都没有超过1.8米，可以适应狭小的座舱。

美国国家航空航天局制订了水星计划，其目的就是为了能赶在苏联人前面将人类送上太空。水星的英文名取自罗马神话中的众神信使墨丘利，他以速度快著称。"水星七杰"是精英中的精英，是美国人的骄傲。

艾伦·谢泼德

瓦尔特·施艾拉

加斯·格里森

戈尔登·库勃

迪克·斯雷顿

约翰·格伦

斯科特·卡彭特

尤里·加加林

他是第一个进入太空的人。图中的尤里·加加林拿着一只象征和平的鸽子。右图是他前往太空时搭乘的"东方1"号载人飞船。

太空第一人

1961年4月12日，太空竞赛中出现了重大突破：人类历史上第一次有人离开地球，进入了太空。27岁的宇航员尤里·加加林成为太空第一人。他是一名苏联的战斗机飞行员。

那天早上，尤里·加加林穿好航天服，坐车来到位于哈萨克斯坦拜科努尔的发射基地。然后，他爬进火箭顶部的一个狭小的太空舱里。发射倒计时开始。伴随着尤里·加加林的一句大吼"冲啊"，火箭升空了。几分钟后，尤里·加加林进入了太空。火箭的设计者谢尔盖·科罗廖夫也在发射现场。他目不转睛地盯着整个发射过程，比任何人都要紧张。在发射的前一天晚上，他连觉都没睡。

尤里·加加林以每秒8000米的速度在32,000多米的高空环绕地球。这是人类从未到达过的高度。他因此成为第一个从太空看地球的人，也是第一个体验失重的人。不过当时的载人飞船太过狭小，根本没有空间让他飘浮起来。

发射传统

升空的那天，尤里·加加林乘车来到发射基地。他对着汽车的后轮胎撒了泡尿。后来这就成了一项传统。每个从拜科努尔发射基地出发的宇航员都会这样做。

1小时48分钟后，尤里·加加林顺利完成了绕地球飞行一周的任务，安全返回地球。苏联人举国欢庆，迎接他们的英雄归来。美国那边则处于震惊之中——他们又落了下风。

美国的太空第一人

1961年5月15日，在尤里·加加林进入太空仅仅几周后，艾伦·谢泼德成为第一个进入太空的美国人，同时也是全世界第二个进入太空的人。不过他只在太空中待了15分钟。直到1962年2月，约翰·格伦才完成了环绕地球的任务。

竞赛：奔向月球

"我们**决定**登月！我们决定在**这十年**间登上月球并实现更多的梦想！不是它们轻而易举，而正是因为它们困难重重。"

——约翰·F. 肯尼迪

1961年5月25日，美国总统约翰·F.肯尼迪提出了一个新想法。他想在十年内将人类送上月球，并安全返回。当时，美国的航天技术还只停留在把宇航员送进太空（而且还只停留了15分钟），所以这个想法听上去似乎有些异想天开。

同年9月，美国总统肯尼迪在得克萨斯州休斯敦市面向40,000人做了演讲。他表示要抢在苏联前面将宇航员送往月球。当时，太空探索还处在起步阶段，仍有大量可供开发的领域。苏联率先将人类送上了太空，在太空竞赛中拔得头筹，而美国只有做出比进入太空还要伟大的壮举才能扳回一城。

于是肯尼迪总统就有了登月的想法，因为这是苏联当时所有的火箭都无法实现的事情。美国航空制造技术十分先进，美国国家航空航天局确认了，总统的想法是可行的。

现在，美国首席火箭专家沃纳·冯·布劳恩终于有机会实现自己的梦想：将人类送往更遥远的太空。他率领一个巨大的团队，开始了艰苦的研究，他们要制造出能将人类送上月球的强大火箭。

月球的轨道

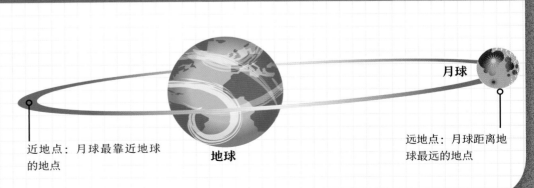

月球绕地球一周只需27天。它环绕地球运动的轨道呈椭圆形，和地球之间的平均距离约为384,400千米。

近地点：月球最靠近地球的地点

月球

地球

远地点：月球距离地球最远的地点

瓦莲京娜·捷列什科娃

美国将目光投向了月球，而此时苏联在太空探索方面又创下了新纪录。1963年6月16日，宇航员瓦莲京娜·捷列什科娃成为首位进入太空的女性。

瓦莲京娜乘坐"东方"号载人飞船绕地球飞行了3天。她在无线电通信中的代号为Chayka，意为"海鸥"。地球上，人们看到视频里的瓦莲京娜满面微笑，日志簿飘浮在她面前。

瓦莲京娜的飞行是"东方计划"中的一部分。两天前，另外一位宇航员瓦莱瑞·贝科夫斯基乘坐另一艘飞船进入了太空。

瓦莲京娜·捷列什科娃实现了她多年以来的太空梦。这位优秀的跳伞运动员回到了地球，成为世界级的偶像。后来，她还取得了工程学的博士学位。

升空前的训练

　　瓦莲京娜花了18个月的时间为进入太空做准备。她经受了一系列的训练，其中包括一系列测试，以检验她在太空时独立应对各种状况的能力。

瓦莲京娜正在接受健康检查，
她的身上插满了各种线

陀螺仪可以模拟在太空中行走时
那种跌跌撞撞的感觉

通过学习工程学，
瓦莲京娜了解了火箭的工作原理

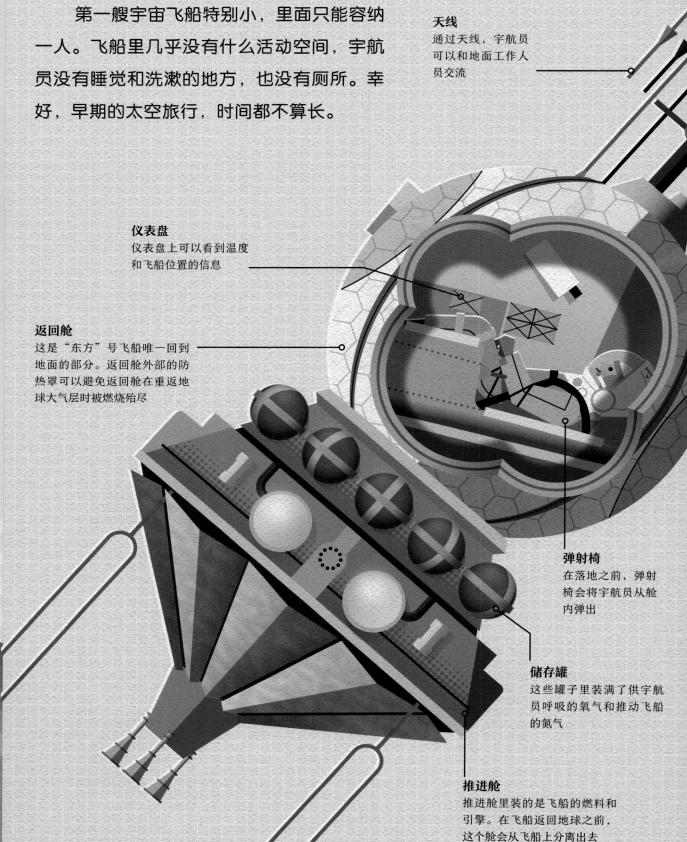

第一艘宇宙飞船特别小，里面只能容纳一人。飞船里几乎没有什么活动空间，宇航员没有睡觉和洗漱的地方，也没有厕所。幸好，早期的太空旅行，时间都不算长。

天线
通过天线，宇航员可以和地面工作人员交流

仪表盘
仪表盘上可以看到温度和飞船位置的信息

返回舱
这是"东方"号飞船唯一回到地面的部分。返回舱外部的防热罩可以避免返回舱在重返地球大气层时被燃烧殆尽

弹射椅
在落地之前，弹射椅会将宇航员从舱内弹出

储存罐
这些罐子里装满了供宇航员呼吸的氧气和推动飞船的氮气

推进舱
推进舱里装的是飞船的燃料和引擎。在飞船返回地球之前，这个舱会从飞船上分离出去

"东方"号载人飞船

苏联用"东方"号载人飞船将他们的第一批宇航员送入太空。"东方"号载人飞船在1961年尤里·加加林的旅程中被首次使用。

"东方"号的返程

对第一位进入太空的宇航员来说，飞向太空已非易事，返程时更是困难重重。因为"东方"号的着陆太过剧烈，宇航员如果待在舱内会受到伤害，所以他们在飞船落地之前要被从飞船里弹出来，打开降落伞落回陆地。

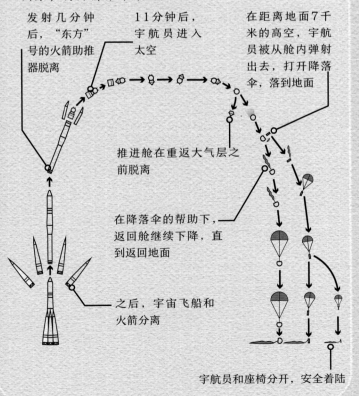

发射几分钟后，"东方"号的火箭助推器脱离

11分钟后，宇航员进入太空

在距离地面7千米的高空，宇航员被从舱内弹射出去，打开降落伞，落到地面

推进舱在重返大气层之前脱离

在降落伞的帮助下，返回舱继续下降，直到返回地面

之后，宇宙飞船和火箭分离

宇航员和座椅分开，安全着陆

水平扫描仪

宇航员利用水平扫描仪找到地球的水平面。如果自动控制系统出现问题，他们可以采取手动的方式控制太空舱的平衡

恢复辅助设施

"水星"号舱体配有恢复辅助设施，例如灯，可以帮助人们定位返回地面的太空舱

减速伞

飞船返回地球时，减速伞会在主降落伞之前打开，起到平衡飞船的作用

降落伞

降落时，飞船上的主降落伞和备用降落伞都会打开，减慢飞船下落的速度

仪表盘

宇航员利用仪表盘控制飞船

防热罩

防热罩可以避免返回舱在重返地球大气层时温度过高

工作舱

工作舱内空间狭窄，宇航员只能坐在座椅上。工作舱最宽的地方只有1.9米

"水星"号

美国国家航空航天局的"水星"号在返回地球时会坠落到海洋中。它总共完成了六次载人航天任务，第一次在1961年。最长的一次是戈尔登·库勃的飞行之旅。他在"水星"号狭小的空间内待了34小时，绕地球飞行了22圈。

太空漫步

航天服事故

  阿列克谢在太空行走时，由于航天服充气过度，导致他体积过大无法回到气闸舱中。为了顺利返回飞船，他决定打开阀门，释放出航天服中的部分氧气。面对危险，阿列克谢沉着冷静，处置得当，避免了一场事故的发生。

阿列克谢的自画像。他的航天服上绑着一根绳索，将他和飞船连在一起，以防他飘走

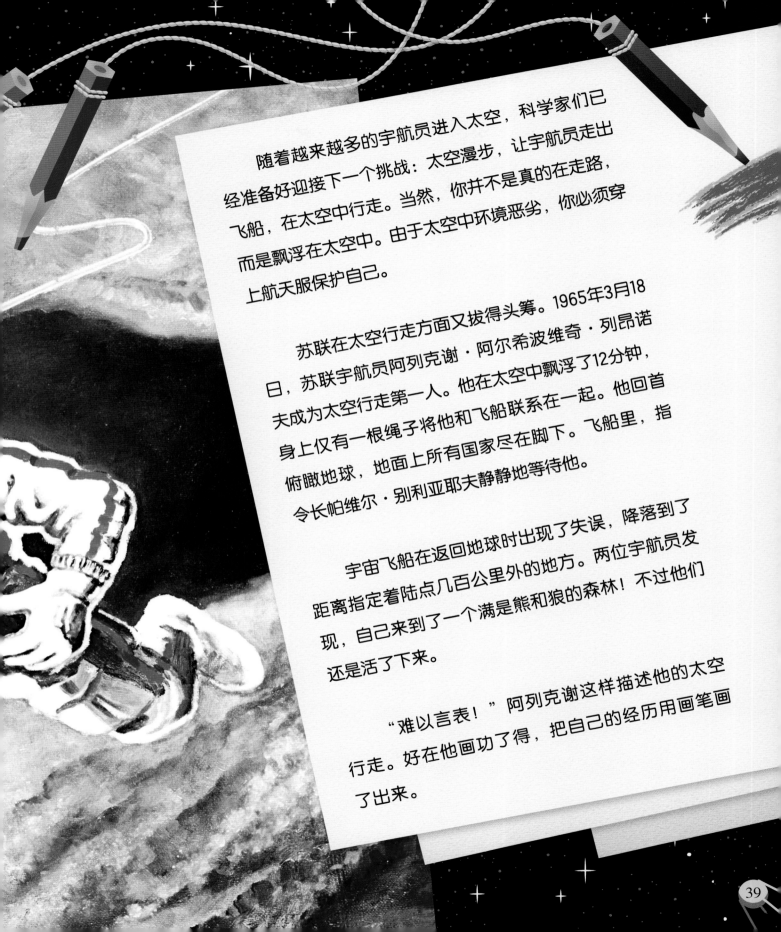

　　随着越来越多的宇航员进入太空，科学家们已经准备好迎接下一个挑战：太空漫步，让宇航员走出飞船，在太空中行走。当然，你并不是真的在走路，而是飘浮在太空中。由于太空中环境恶劣，你必须穿上航天服保护自己。

　　苏联在太空行走方面又拔得头筹。1965年3月18日，苏联宇航员阿列克谢·阿尔希波维奇·列昂诺夫成为太空行走第一人。他在太空中飘浮了12分钟，身上仅有一根绳子将他和飞船联系在一起。他回首俯瞰地球，地面上所有国家尽在脚下。飞船里，指令长帕维尔·别利亚耶夫静静地等待他。

　　宇宙飞船在返回地球时出现了失误，降落到了距离指定着陆点几百公里外的地方。两位宇航员发现，自己来到了一个满是熊和狼的森林！不过他们还是活了下来。

　　"难以言表！"阿列克谢这样描述他的太空行走。好在他画功了得，把自己的经历用画笔画了出来。

双子座计划

为了登陆月球，美国国家航空航天局需要学习大量的新技能。为此，他们设立了"双子座计划"：将两位宇航员同时送入太空。这两位宇航员会在太空里学习太空行走和飞船对接。他们要比之前在太空中待更久。

1966年3月，尼尔·阿姆斯特朗和大卫·斯科特驾驶"双子座8"号在轨道上开展了首次对接。但是在和阿金纳对接舱成功对接之后，他们的飞船突然失控，开始疯狂地旋转。

两位宇航员陷入了极大的危险之中。多亏阿姆斯特朗反应迅速，他们才化险为夷。尽管由于旋转，阿姆斯特朗的视线已经模糊，但他还是当机立断，迅速反应，终止对接，驾驶飞船安全返回地球。面对危机，阿姆斯特朗展现出娴熟的驾驶技能，这让他从众多宇航员中脱颖而出。

"双子座8"号全体船员
尼尔·阿姆斯特朗（右）和大卫·斯科特（左）手持"双子座8"号模型的首次合影

美国人的首次太空行走

1965年6月3日，爱德华·怀特成为第一位进行太空行走的美国人。他和"双子座"飞船连接在一起，在太空中飘浮了约23分钟。利用手持氧气喷枪，他可以在太空中自由移动。

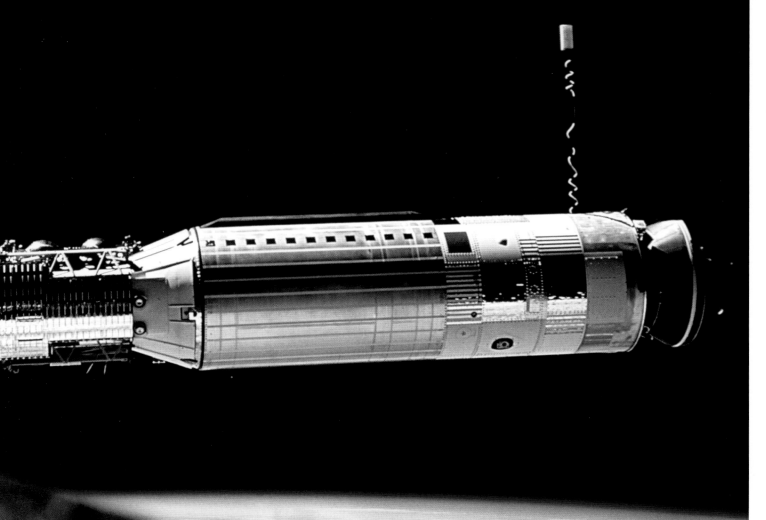

从"双子座8"号看到的阿金纳对接舱。地球在图片的右下角

女中豪杰

在太空竞赛期间，美国选拔出来的宇航员全都是男性，但是女性也想飞向太空。一组优秀的女性飞行员也和男性宇航员一样，经受了由私人赞助的医疗测试。她们被往耳朵里注水、孤身一人锁进罐子里，忍受着精神上和身体上的双重折磨。

虽然有13位女性最终通过了测试，但她们还是无法实现自己的航天梦。因为要想成为宇航员，她们必须还要有驾驶战斗机的经验，但在当时，只有男性能驾驶战斗机。这些女性并没有放弃，她们积极活动，多方联系，希望能继续参与测试，可惜最后还是没能成功。这其中就有艾琳·莱弗顿。她当时是一名著名的飞行员，一直梦想着能驾驶战斗机。

到了1995年，终于有人实现了她们的梦想。艾琳·科林斯成为首位航天飞机女机长，驾驶飞船进入了太空。这13位女性虽然未能完成自己的梦想，但是她们为女性进军太空铺平了道路。

杰瑞·科布和"水星"号宇宙飞船的船舱合影。她是第一个完成测试的女性

几位女性正在参加测试。左边是萨拉·瑞特利。她在学会开车前就已经会开飞机了

她们是谁？

雷亚·赫尔

默特尔·卡格尔

杰瑞·科布

宇宙飞船发射
1995年2月3日，
艾琳·科林斯邀请
她们来观看自己驾
驶的宇宙飞船发射

珍妮特·迪特里希

玛丽昂·迪特里希

沃利·芬克

珍妮·哈特

琼·希克森

萨拉·戈雷利克

艾琳·莱弗顿

杰里·斯隆

伯尼斯·斯特德曼

姬恩·诺拉·斯图博夫

萨拉·瑞特利访谈（即萨拉·戈雷利克）

问：你有什么样的飞行经验？
答：我从高中时期就开始飞行了。大学毕业后，我成为一名工程
师，在航空领域继续工作。

问：为什么你要参加此次测试？
答：当时我是一位非常活跃的女性飞行员。我的名字被提交给了洛
夫莱斯博士。

问：测试很难吗？
答：（测试）是对心理和生理上的双重考验，不过我下定决心一定
要通过。

问：后来怎样了？
答：在继续飞行事业的同时，我希望能继续参与到太空计划中去。

问：你对今后的太空探索有什么样的希望呢？
答：太空探索事业的发展促进了新科技和新发明的出现，同时也提
高了我们的生活质量。随着我们对太空探索的继续，我相信我们的
生活会变得更加美好。

43

太空时代的生活

太空竞赛让人类的生活变得更加激动人心。人们不再只是仰望星空，而是憧憬着未来在太空的生活。从人们的服饰，到饮食，再到孩童玩的玩具，太空探索也影响了人们的日常生活。

玩具火箭
突然间，每个孩子都想要一个像这样的玩具火箭

科技
家里的电子产品有了科技感十足的外观，例如电视机的形状就由长方形变成了椭圆流线形

果珍
美国宇航员在太空中喝的一种饮料。其做法非常简单，只要将粉末泡水冲开就可以喝了。果珍很快流行开来，因为大家都想尝尝宇航员喝过的饮料

家具
1965年，丹麦设计师维奈·潘顿设计了这把椅子。他采用了流线型设计和符合太空时代审美的颜色

电视节目
动画片《杰森一家》展现了未来太空时代的生活。人们乘坐飞在空中的汽车，还可以前往月球度假。每个家庭都有机器人助手

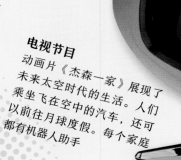

Know All Ye by These Presents that

has become a certified member of Pan Am's

"FIRST MOON FLIGHTS" CLUB

5893
Number

Vice President, Sales

前往太空的机票
由于人们对太空之旅热情高涨，泛美航空在当时还发行了前往月球的机票

科幻电影

受到太空竞赛的启发，人们开始拍摄太空题材的科幻电影，讲述人类造访太阳系其他星球的故事

世界博览会

1964年，在美国纽约举行的世界博览会展示了太空时代的科学技术对人类生活的改善

时尚

服装设计师们也从太空竞赛中找到了灵感。他们设计出看起来像是在太空中穿的衣服，如果有朝一日人类可以搬去那里的话

机器人玩具

在孩子们的想象中，未来，机器人会帮助人类一起探索太空

登月前的训练

低重力环境下的行走训练

在地球上，引力将你牢牢吸在地面上。但月球上的引力比地球上的小得多，所以宇航员在登月前要先适应低重力的环境。美国国家航空航天局为宇航员们配备了低重力行走模拟器，宇航员佩戴模拟器后就能在低重力环境下训练行走。

学习地质学

登月者要学习地质学，因为这有利于他们找到最好的岩石和土壤样本，并将最好的样本带回来供科学家们研究。

以事故为鉴

1967年1月27日，一场灾难发生了。发射台上的一场大火夺去了"阿波罗1"号飞船上三名宇航员的生命。他们分别是加斯·格里森、爱德华·怀特和罗杰·查菲。18个月后，美国国家航空航天局才成功将宇航员送入太空。"阿波罗1"号的悲剧促使美国国家航空航天局改进方法，避免了今后更多悲剧的发生。

水下训练

要想成为一名合格的宇航员，你得先学会游泳。首先，宇宙飞船有可能降落到海里。其次，在进入太空前，宇航员们通常还要到海洋中练习太空行走，因为海底的环境和太空中的环境类似。图中，宇航员肯·马丁利正在海洋中学习如何走出太空舱。

LLRV

即登月研究飞行器，看上去像是一个会飞的床架子。它很难操控，主要用于测试登月着陆技术。

工具的使用

为了在月球上执行任务，宇航员们要学会使用各种各样的工具。在前往月球前，他们需要练习在穿着笨重航天服的情况下使用钻头、锤子和铲子。

EVA训练

即登月舱外活动训练，可以模拟在月球表面行走的环境。训练时，宇航员们会穿好航天服，学习如何在月球表面收集样本和做实验。

LOLA计划

即接近月球轨道与着陆计划，模拟了着陆月球的情况。在训练中，宇航员会沿一条轨道，穿过一个巨大的手绘的月球表面模型。

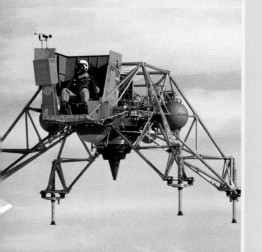

水面着陆

按照计划，在返回地球后，"阿波罗"号飞船的指令舱会落到水面上。宇航员要学会在水上安全地出舱。照片中，他们在游泳池里进行训练。

巨型火箭

为了到达月球，你需要一艘巨型火箭。美国人制造了"土星5"号——一种重型运载火箭。它是有史以来最强大的火箭，不仅能把宇航员送入环地轨道，还能送他们登上月球。

"土星5"号

火箭由三级组成。每一级都装载了燃料并按照顺序点火。每一级燃料耗尽后，就会和火箭分离。第一级将满载燃料的火箭推离地面。第二级将火箭送入接近环地轨道的位置。第三级将火箭送入环地轨道然后直奔月球。

五枚发动机

液氧罐

第一级S-IC

煤油罐
煤油和液氧混合后会产生火箭上升所需的动力

大功率发动机
第一级火箭拥有五枚巨型发动机，每枚发动机都有5.8米高

太空小常识
发射时，"土星5"号火箭重达280万千克，约等于600头非洲大象的重量。

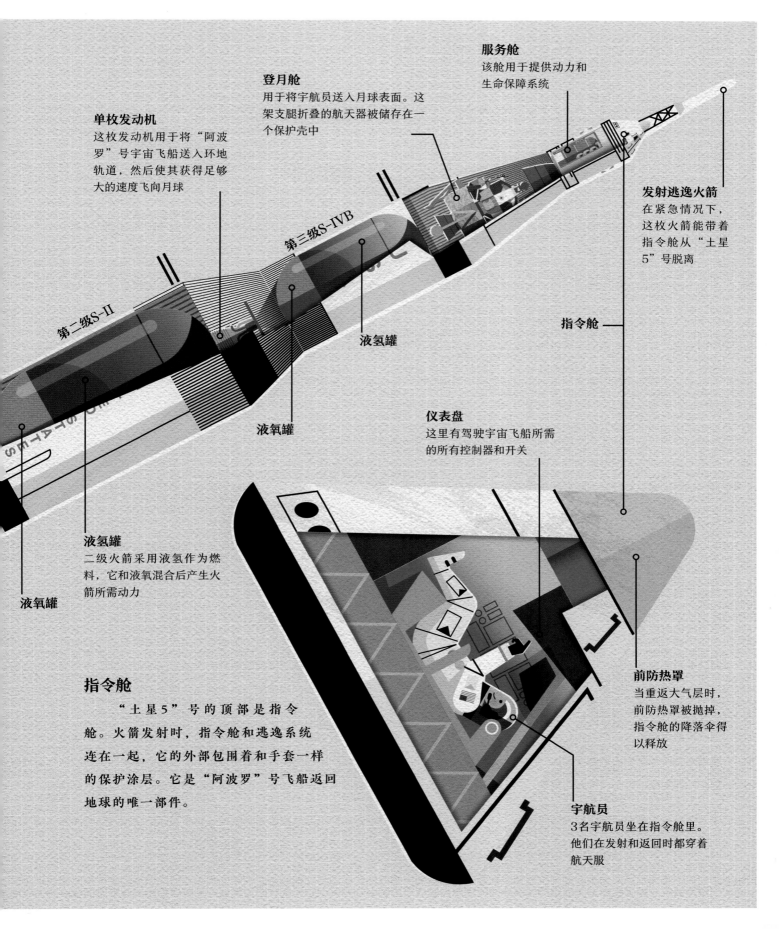

服务舱
该舱用于提供动力和
生命保障系统

登月舱
用于将宇航员送入月球表面。这
架支腿折叠的航天器被储存在一
个保护壳中

单枚发动机
这枚发动机用于将"阿
波罗"号宇宙飞船送入环地
轨道，然后使其获得足够
大的速度飞向月球

第三级S-IVB

第二级S-II

发射逃逸火箭
在紧急情况下，
这枚火箭能带着
指令舱从"土星
5"号脱离

液氢罐

液氧罐

指令舱

液氢罐
二级火箭采用液氢作为燃
料，它和液氧混合后产生火
箭所需动力

液氧罐

仪表盘
这里有驾驶宇宙飞船所需
的所有控制器和开关

前防热罩
当重返大气层时，
前防热罩被抛掉，
指令舱的降落伞得
以释放

指令舱

　　"土星5"号的顶部是指令
舱。火箭发射时，指令舱和逃逸系统
连在一起，它的外部包围着和手套一样
的保护涂层。它是"阿波罗"号飞船返回
地球的唯一部件。

宇航员
3名宇航员坐在指令舱里。
他们在发射和返回时都穿着
航天服

迟缓的巨人

"爬行者"是美国国家航空航天局里一个十分重要的装置。它可以将宇宙火箭安全地从飞行器装配大楼（VAB）送往发射基地。"爬行者"负重前行的速度最高可达每小时1.5千米。它在火箭发射之前送它们走完陆地上的最后一程。

为了运送"土星5"号火箭，美国国家航空航天局建造了两架"爬行者"。在阿波罗计划之后，它们又被运用到很多发射任务之中。因其在地面上移动速度很慢，所以被人们称为"爬行者"。

"爬行者"不仅速度慢，体积也大。它宽34米，净重量可达3000吨，真是名副其实的迟缓的巨人。

"爬行者"

　　"爬行者"由驾驶员、工程师和技术人员组成的一个将近30人的团队共同操作。它速度极慢，驾驶员坐在前面的座舱里。这张照片中，你可以看到，和"爬行者"相比，人看上去多么的渺小！"爬行者"之所以会这么大，是因为它需要有足够的力量和空间在运载火箭的时候保持平稳。

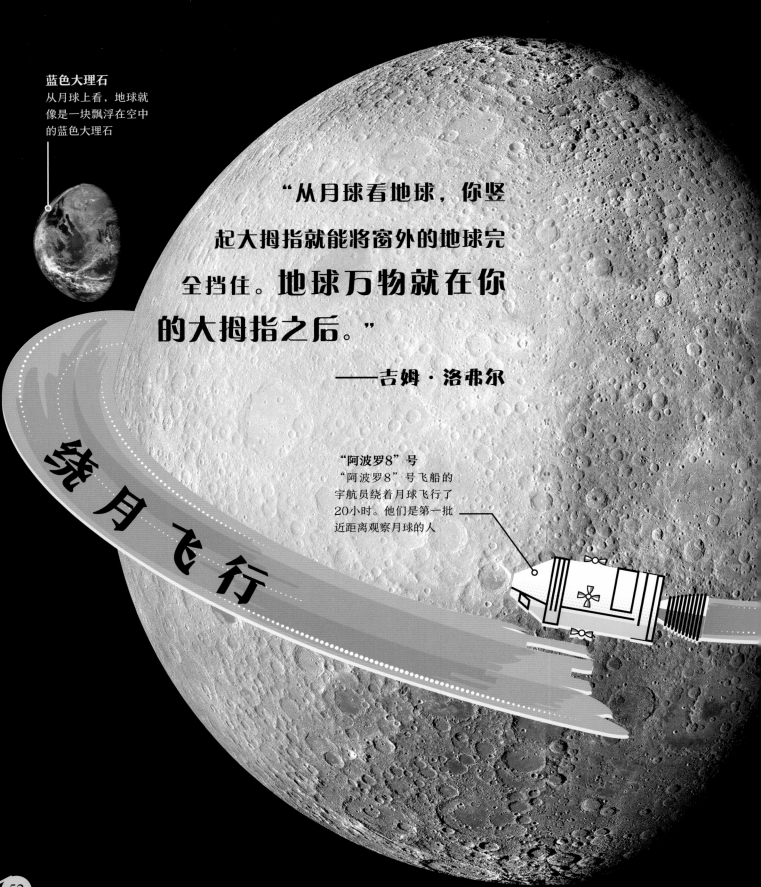

蓝色大理石
从月球上看，地球就像是一块飘浮在空中的蓝色大理石

"从月球看地球，你竖起大拇指就能将窗外的地球完全挡住。地球万物就在你的大拇指之后。"

——吉姆·洛弗尔

绕月飞行

"阿波罗8"号
"阿波罗8"号飞船的宇航员绕着月球飞行了20小时。他们是第一批近距离观察月球的人

1968年，由于担心苏联人再次领先，美国国家航空航天局决定将3名宇航员送到月球轨道上，再让他们安全返回。这项计划被称为"阿波罗8"号计划。指令长弗兰克·博尔曼和船员威廉·安德斯以及吉姆·洛弗尔会成为有史以来在太空中航行最远的人。他们会在距离月球表面111千米的地方俯瞰月球。

这项任务十分危险，每个环节都不能有任何纰漏。在1968年平安夜的晚上，3名宇航员抵达月球上空，开始绕月飞行。他们也成为第一批见到月球背面的人。当飞船转向月球正面的时候，他们看到了人类历史上最激动人心的一幕：地球从月球的地平线上升起来了！

三天后，3名宇航员顺利返回地球。"阿波罗8"号计划的成功实施在苏联国内引起了不小的震动，在之前的竞赛中，他们处处领先，没想到现在美国人也追上来了。

"阿波罗8"号的成员从左到右分别是：吉姆·洛弗尔、威廉·安德斯和弗兰克·博尔曼

地球从月球地平线升起。这张照片拍摄于1968年的平安夜，名字叫《地出》

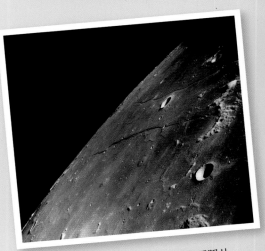

"阿波罗8"号宇航员拍摄的月球表面照片

地面控制中心

每一次太空任务的背后都少不了地面控制中心工作人员的辛苦付出。

每当火箭升空，位于得克萨斯州休斯敦市的美国国家航空航天局地面控制中心就开始忙碌起来。这里会聚着各个领域的专家。他们分工明确，有人负责制订计划，有人负责控制航向，还有人负责指导宇航员进行太空行走和做实验。地面控制中心的工作人员还有一个强有力的后盾：幕后工作组。在遇到问题时，幕后工作组会给他们提供指导和建议。

在太空竞赛期间，苏联也有自己的地面控制中心，但细节处于绝对保密状态。

克里斯·克拉夫特
美国国家航空航天局的一名天才工程师。他提出了地面控制中心这个想法

指令舱宇航通信员
有些宇航员担任了指令舱宇航通信员这一工作，他们的任务就是和太空中的宇航员进行沟通。图中的这位指令舱宇航通信员就是"阿波罗16"号宇航员查尔斯·杜克

飞行指挥官
飞行指挥官是地面控制中心里最重要的人。他掌控着当前太空任务的全局。照片中这位是"阿波罗11"号的飞行指挥官吉恩·克兰兹

观察区
特殊客人可以在窗户后面观察地面控制中心内的情形

1.推进器系统工程师
2.制动发动机点火员
3.飞行动力学工作组人员
4.指导员
5.航空军医
6.指令舱宇航通信员
7.服务舱和登月舱系统组人员
8.操作和程序组人员
9.飞行指挥官
10.飞行活动组人员
11.网络控制人员
12.公共事务组人员
13.飞行操作总指挥
14.来自美国国家航空航天局总部的任务负责人
15.国防部代表
16.特殊客人

地面控制中心分布

开拓者们

美国国家航空航天局

凯瑟琳·约翰逊

数学家凯瑟琳·约翰逊的职业生涯始于"人脑计算机"项目。她曾受宇航员约翰·格伦之邀，在飞船发射前检查计算结果。后来，她获得了总统自由勋章。

美国国家航空航天局

南希·罗马

天文学博士南希成为美国国家航空航天局的首位天文学主任，同时她也是美国国家航空航天局第一个担任高官的女性。南希的女性身份并没有阻碍她投身于航天事业。

美国国家航空航天局

玛格丽特·汉密尔顿

计算机科学家和系统工程师玛格丽特主导了"阿波罗"号飞船导航系统的研制。她的软件开发方法对于"阿波罗"号的成功至关重要。后来，她获得了总统自由勋章。

虽然在当时，美国的女性不能成为宇航员，但这并不能妨碍她们在太空竞赛中承担重要的工作。

在那个认为女性应该相夫教子的时代，美国国家航空航天局的女性却成为数学家、科学家和工程师。一些人因为肤色在社会中受到了不公平待遇，但在美国国家航空航天局，她们以各自的能力获得了认可。

一些女性扮演的角色是"人脑计算机"。为了了解宇宙飞船在某次任务中的飞行性能，她们要亲自解决数学问题并完成复杂的计算。今天，计算机可以完成这些工作。另外一些女性帮忙研发计算机代

梅尔巴·罗伊·穆顿

作为美国国家航空航天局轨道和地球动力学部门项目研究助理主任，梅尔巴·罗伊·穆顿领导了"人脑计算机"的计算工作。她拥有数学硕士学位，后来因为在阿波罗计划中的贡献受到了表彰。

美国国家航空航天局

比莉·罗伯逊

在阿波罗计划中，比莉研发了火箭发射的计算机模型指南。作为一名数学家，她最早的职业生涯是和火箭发动机一起度过的。她同时也在沃纳·冯·布劳恩的团队中工作，研发火箭发射的指导软件。

美国国家航空航天局

安妮·伊斯利

计算机科学家安妮的职业生涯始于"人脑计算机"项目，后来她成为一名计算机程序员。她研发了很多支持美国国家航空航天局程序的代码。安妮在全职工作期间还修得了一个数学学位。

码，为我们今天使用的计算机程序做出了很大贡献。

这些开拓者的努力工作，践行了她们对航天事业的热情，她们将一个个太空想法变成了现实，为美国在太空竞赛中取得成功，以及未来的新航天任务做出了重要贡献。

这些女性一开始未曾想过要成为楷模。尽管她们生活在一个备受歧视的时代，但她们立志去拓宽人们对于太空的了解，也正是这种行为成就了她们。尽管她们并不像那些宇航员一样有名，但她们是航天事业中的英雄。

为了到达月球表面，宇航员需要驾驶一艘特别的宇宙飞船，即登月舱。它被放置在"土星5"号火箭的顶端，极其轻巧。

雷达

雷达天线用于在和"阿波罗"号宇宙飞船的其他部分对接时测量距离

"阿波罗9"号

登月舱的首次飞行事实上是绕地飞行。1969年3月，"阿波罗9"号的船员对其进行了测试。尽管从照片上看，它上下颠倒了，但事实上在太空中不存在上或者下！船员把这艘登月舱命名为"蜘蛛"。

控制器

控制面板在登月舱内部，上面的小窗口可以帮助宇航员找到着陆点

前舱门

一旦安全降落到月球表面，两名宇航员会从这扇舱门爬出登月舱

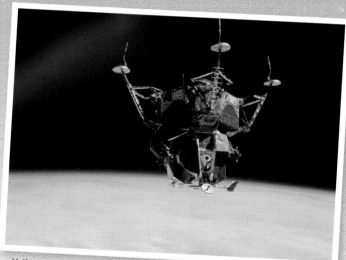

从指令舱看到的登月舱

梯子

宇航员从梯子爬下来到达月球表面

底盘

底盘上的触地传感器告诉指令长在降落后何时关闭发动机

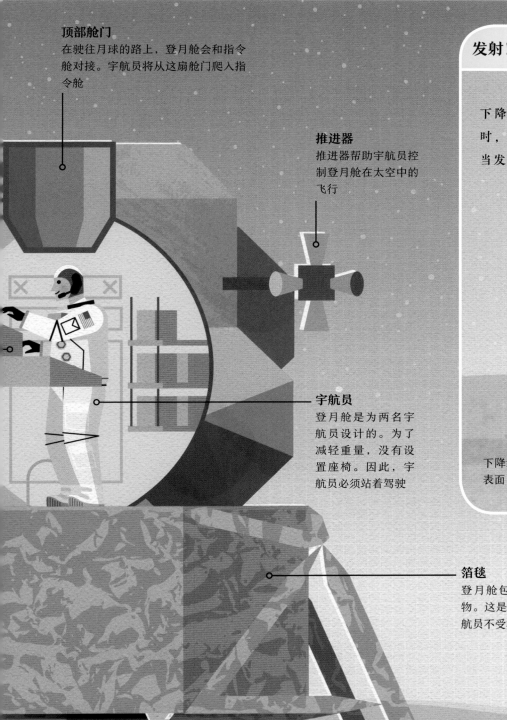

顶部舱门
在驶往月球的路上，登月舱会和指令舱对接。宇航员将从这扇舱门爬入指令舱

推进器
推进器帮助宇航员控制登月舱在太空中的飞行

宇航员
登月舱是为两名宇航员设计的。为了减轻重量，没有设置座椅。因此，宇航员必须站着驾驶

箔毯
登月舱包裹着一层金色的箔状物。这是一层隔热材料，保护宇航员不受极端温度的侵害

着陆发动机
这枚发动机用于驾驶登月舱到达月球表面

着陆腿
登月舱有4根着陆腿。原本它的设计是只有3根，但那样的话会有倾倒的风险

发射！

登月舱可以分解为两部分：一个下降级和一个上升级。当要离开月球时，上升级发动机点火，而下降级充当发射台。

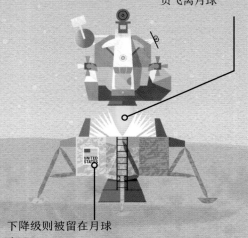

上升级的发动机点火后带着宇航员飞离月球

下降级则被留在月球表面

航天服

月球没有大气层，温度变化极大。人们在上面不仅无法呼吸，还会遭到太阳的有害辐射。所以宇航员要穿上特制的航天服才能在月球表面自由行走。

头盔和面罩

宇航员的头上戴着一个像泡泡一样的头盔，头盔的顶部还有一块面罩。面罩就相当于一副大墨镜，可以防止猛烈的阳光灼伤宇航员的眼睛

便携式生命保障系统

便携式生命保障系统又被称为"背包"，它里面装有氧气，可以为宇航员的生命保驾护航。除此以外，它还为宇航员的通信系统提供电源

阿波罗航天服

阿波罗航天服是宇航员穿在最外面的衣服，里面还有其他保护层。宇航员不仅在登月时要穿上阿波罗航天服，发射升空和返回地球时也要穿。在登陆月球时，除了穿上这套航天服，宇航员还要带上便携式生命保障系统，穿上防护靴，戴上防护手套和面罩。

遥控装置

宇航员利用它进行交流。除此之外，它还能提供航天服的实时状况，帮助宇航员固定摄像头

白色外层

航天服的外层十分坚固，不易破裂。它可以避免宇宙尘对宇航员的伤害

防护手套

由不锈钢纤维制成，为宇航员提供额外保护。手套的指尖部分由硅树脂制成，方便宇航员抓取东西

口袋

位于腿部的小口袋，可以用来装一些小东西

苏联宇航员的克列切特-94航天服

苏联人也研发了用于登月的航天服：克列切特-94。虽然他们最终未能登月，航天服的躯干部分由坚硬的铝材制成，手臂和腿部则采用了柔软的布料。

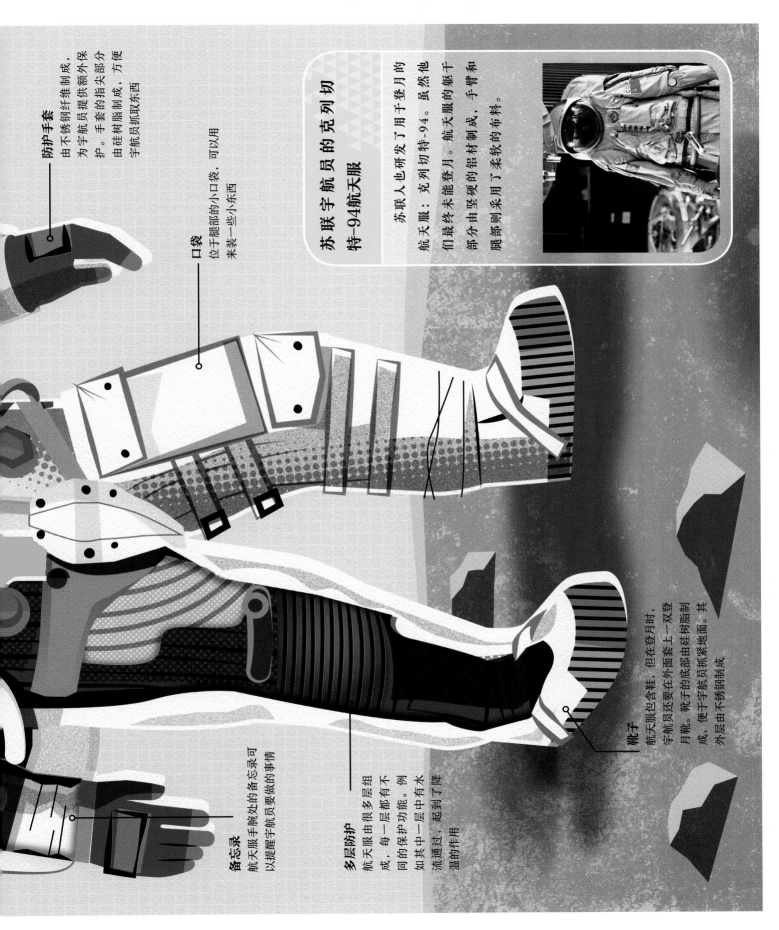

备忘录

航天服手腕处的备忘录可以提醒宇航员要做的事情

多层防护

航天服由很多层组成，每一层都有不同的保护功能。例如其中一层中有水流通过，起到了降温的作用

靴子

航天服包含鞋，但在登月时，宇航员还要在外面套上一双登月靴。靴子的底部由硅树脂制成，便于宇航员抓紧地面。其外层由不锈钢制成

"阿波罗11"号

迈克尔·柯林斯

迈克尔·柯林斯是一位忠诚的飞行员和工程师，曾进行过两次太空行走。他是"阿波罗11"号指令舱的驾驶员，曾独自驾驶飞船绕月飞行。

尼尔·阿姆斯特朗

尼尔·阿姆斯特朗是"阿波罗11"号的指令长，同时也是史上最优秀的驾驶员之一。面对困难，他沉着冷静，曾数次死里逃生。你知道吗？尼尔·阿姆斯特朗是先学会开飞机，再学会开车的。

你是否也曾想象过在月球上行走？对你来说，也许这只存在于想象，但尼尔·阿姆斯特朗和巴兹·奥尔德林实现了它。他们和迈克尔·柯林斯一起登上"阿波罗11"号，飞往月球。这是人类第一次试图登陆月球。这是一次史无前例的壮举。

"阿波罗11"号任务徽章
这枚徽章由3位宇航员设计。徽章上的白头鹰是美国国鸟，它的爪子上抓着一根象征和平的橄榄枝

此时，美国已经掌握了登月需要的所有技术。"阿波罗10"号甚至还飞到了距离月球表面不到15千米的上空。他们已经做好了准备。现在，实现肯尼迪总统的目标，打败苏联的重担就落到了这3名宇航员的身上。

"阿波罗11"号登月计划面临着诸多危险。宇航员很可能无法返回地球，有些科学家甚至认为，月球表面有太多尘土，飞船会陷进去。在出发前，3名宇航员进行了数百小时的演练，将每种可能遇到的情况都预演了一遍。

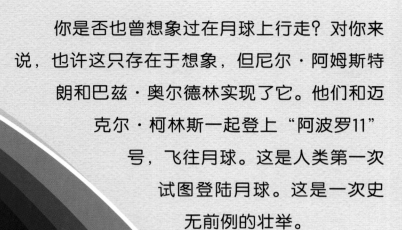

巴兹·奥尔德林

　　登月舱驾驶员巴兹·奥尔德林热爱科学研究。他发展了飞船在太空中的对接技术，因此被称为"对接博士"。

整装待发

早起的鸟儿有虫吃，早起的人才能去月球。1969年7月16日清晨4点15分，"阿波罗11"号全体成员起床了。今天，他们即将前往太空。

吃完早饭后，他们的身上被装上了电极，用来监测他们在旅程中的呼吸和心率。然后在技术人员的帮助下，他们穿上了航天服，整个过程耗时一个多小时。

清晨5:35

阿姆斯特朗准备戴上头盔

清晨4:45

宇航员们早上吃了牛排和煎蛋。飞行任务成员办公室主任迪克·斯雷顿（图中最右边）和他们共进早餐

早晨6:48 在阿姆斯特朗的带领下，所有机组人员穿过走廊准备进入宇宙飞船

早晨6:27 宇航员准备上车，他们向美国国家航空航天局的工作人员挥手告别

穿上航天服后，阿姆斯特朗、迈克尔和巴兹带上了氧气瓶，他们向美国国家航空航天局的工作人员和现场的记者挥手告别，然后登上一辆厢形车（被称作"太空车"），前往发射基地。

在发射基地，他们搭乘电梯上楼，穿过走廊后就来到了飞船前。在技术人员的帮助下，他们进入飞船。随着一声闷响，飞船的舱门关闭了，前往月球的旅程即将开始。

发射升空！

宇航员登上"土星5"号火箭两个多小时后，发射团队完成了最后的调试工作。火箭从休眠中苏醒，倒计时开始："10，9，点火时序开始，6，5，4，3，2，1，0。所有引擎都已开启！发射！"火箭升空，发出了巨大的轰鸣声。远在5000米外的观众都能听到。

这是"土星5"号火箭的第四次载人任务。但这次的任务非比寻常，这是人类历史上第一次尝试前往另外一个星球。这一次，美国终于走在了苏联的前头。

　　为了亲眼看见发射现场，数以千计的群众聚集在美国佛罗里达州。现场拍照的人实在是太多了，咔咔的快门声甚至盖过了火箭的轰鸣声。在人们惊奇的目光中，"土星5"号冲入云霄。此时此刻，发射中心的沃纳·冯·布劳恩也正注视着外面的场景，这枚由他设计的火箭即将开始它的月球之旅。

服务舱也被丢弃，最后只剩下指令船带着3名宇航员重返地球

"土星5"号火箭升空

"哥伦比亚"号指令/服务舱与火箭和登月舱分离，向后转和登月舱对接

发射升空
1969年7月16日，"土星5"号火箭从美国佛罗里达州的肯尼迪航天中心发射升空

从轨道上看地球
"阿波罗11"号在地球轨道上运行时拍下了这张照片，然后它就飞向了月球

从发射到返回，"阿波罗11"号的任务会持续8天。阿姆斯特朗、巴兹和迈克尔一直在和地面控制中心联系。他们甚至还出现在电视上，向大家讲述这次旅程。

再见，地球
"阿波罗11"号继续前行，宇航员们透过窗户，看到地球在他们的身后变得越来越小

登月舱

指令舱的驾驶员柯林斯拍下了这张登月舱的照片

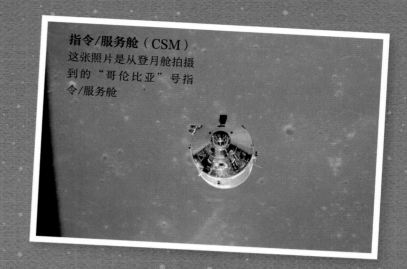

指令/服务舱（CSM）

这张照片是从登月舱拍摄到的"哥伦比亚"号指令/服务舱

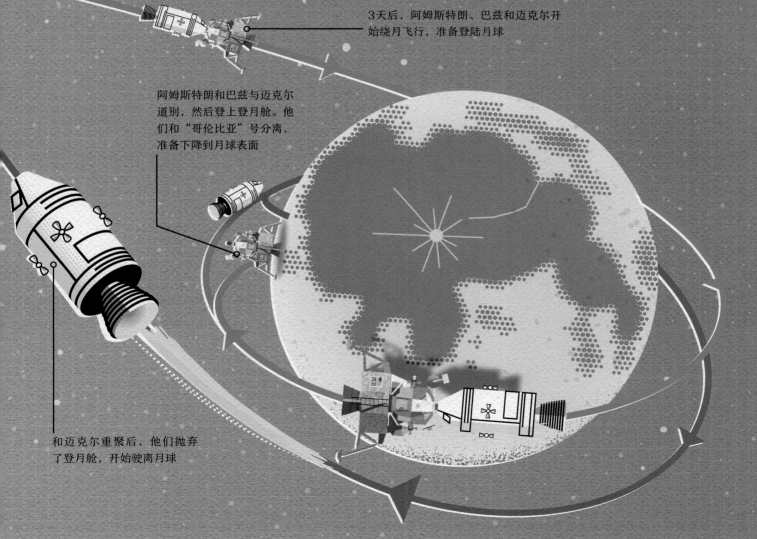

3天后，阿姆斯特朗、巴兹和迈克尔开始绕月飞行，准备登陆月球

阿姆斯特朗和巴兹与迈克尔道别，然后登上登月舱。他们和"哥伦比亚"号分离，准备下降到月球表面

和迈克尔重聚后，他们抛弃了登月舱，开始驶离月球

雄鹰着陆

进入月球轨道后，阿姆斯特朗和巴兹与迈克尔告别，然后就钻进了名为"鹰"的登月舱，准备降落到月球表面。这个过程听上去容易，但实际上却充满危险。

刚开始下降时，登月任务就差点失败。登月舱启动登陆进程几分钟后，警报声就响了起来。在休斯敦地面控制中心工作人员的奋战下，问题终于得到了解决。

登月舱继续下降。阿姆斯特朗驾驶着登月舱，巴兹注视着控制面板，时刻关注着关键信息。问题又来了。他们发现登月舱正在向一块大石头进发。阿姆斯特朗必须寻找新的着陆点。

登月舱不断下降，此时，所剩燃料仅够用不到30秒。"鹰"号登月舱逐渐靠近月球表面，着陆发动机扬起尘埃。最终，登月舱着陆成功。阿姆斯特朗的声音通过无线电传回了地球："休斯敦，这里是'静海'基地。'鹰'号着陆成功。"此时为1969年7月20日。

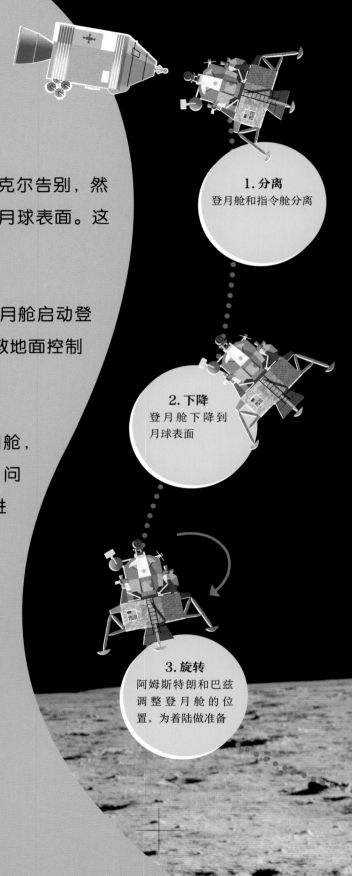

1. 分离
登月舱和指令舱分离

2. 下降
登月舱下降到月球表面

3. 旋转
阿姆斯特朗和巴兹调整登月舱的位置，为着陆做准备

4. 着陆
宇航员安全地降落到月球上被称为"静海"的区域

在月球表面的"鹰"号登月舱。这张照片由阿姆斯特朗拍摄。照片中,巴兹正沿着梯子向下爬

美国

在众多观看登月的美国人中也有宇航员的家人。图中最左边的是迈克尔·柯林斯的妻子帕特。图中穿着红裙子的小姑娘是他的女儿安

世界瞩目

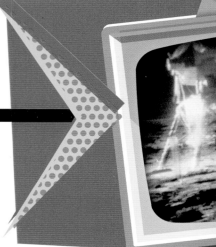

英国

在伦敦，人们聚集在特拉法尔加广场的大屏幕前观看登月的场景

在东京，一家人正坐在电视机前观看阿姆斯特朗和巴兹在月球上挥手致意

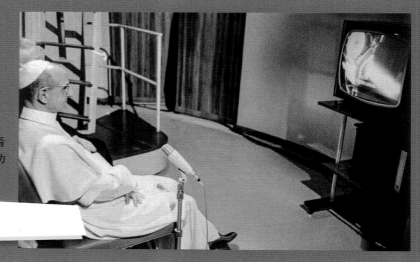

教皇保罗六世正在观看阿姆斯特朗和巴兹成功登陆的报道

意大利

全世界有6亿多人观看了尼尔·阿姆斯特朗扶着登月舱的阶梯踏上月球。"这是我个人的一小步，却是全人类的一大步。"阿姆斯特朗这样说道。

负责报道登月过程的记者们全都用惊奇的目光注视着屏幕。38岁的美国人尼尔·阿姆斯特朗成为人类历史上第一个登陆月球的人。此时此刻，一直以来被看作不可能的事变成了现实。

澳大利亚

悉尼国际机场，人们停下手里正在做的事，观看阿姆斯特朗踏上月球的第一步

在科威特，一家人坐在一起观看登月

科威特

巴兹的脚印
巴兹留在月球表面上的脚印。这是人类留在外太空的第一批脚印

美国国旗
阿姆斯特朗和巴兹将美国国旗插在了月球上。他们还留下了一块纪念牌，上面写着："我们代表全人类为和平而来。"

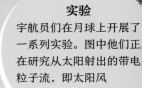

实验
宇航员们在月球上开展了一系列实验。图中他们正在研究从太阳射出的带电粒子流，即太阳风

在月球上

阿姆斯特朗登上月球后不久，巴兹也走下登月舱，来到了月球表面。据巴兹描述，月球上是"壮丽的荒凉"。月球表面空荡荡、灰茫茫的，没有空气。月球的天空是黑色的。阿姆斯特朗和巴兹是月球上唯一的活物。

月球上的重力比地球上的小。宇航员们虽然穿着笨重的航天服，但是他们仍然能在月球上跳来跳去。两位宇航员收集月球表面的岩石准备带回去给科学家们研究，并且在月球表面开展了实验。他们还和美国总统理查德·尼克松通了电话。电话里，总统向他们表示祝贺，并表示："这是白宫有史以来最具有历史意义的通话。"

在月球上待了2小时31分钟后，两位宇航员的月球漫步结束了。阿姆斯特朗和巴兹顺着梯子安全地回到了登月舱。他们在里面稍事休息，等待着和指令舱里的迈克尔会合，然后一起返回地球。

舱内照
巴兹和阿姆斯特朗结束月球上的行程返回登月舱后，巴兹为阿姆斯特朗拍下了这张照片

月球上的巴兹·奥尔德林
阿姆斯特朗在月球上为巴兹拍的照片。你可以从巴兹的面罩中看到阿姆斯特朗的影子。巴兹并没有留下很多自己在月球上的照片，因为大部分时间都是他在拿着唯一的一台照相机

"阿波罗11"号的宇航员在从月球返航的途中并非一帆风顺。事实上，如果没有借助一根太空笔，阿姆斯特朗和巴兹可能永远也无法离开月球表面了。巴兹不得不使用这支笔按下一个开关，来启动"鹰"号登月舱的发动机，因为这个开关在之前被不小心碰坏了！

溅落！

重新和迈克尔对接上后，他们启动了"哥伦比亚"号指令/服务舱的发动机，开始了返航之旅。在重新进入地球大气层之前，阿姆斯特朗、巴兹和迈克尔系着安全带，牢牢地坐在座位上。

穿越大气层时，宇航员就好像待在一个大火球中。随着指令舱高速穿越大气层，舱体前方的空气受到挤压，产生了极大的热量。不过一块防热罩保护了舱体和宇航员不受伤害。

在离地面3千米处，指令舱的主降落伞打开，减缓了下降速度。最终，指令舱降落在太平洋上。全体宇航员平安归来。

在地面控制中心，工作人员开始庆祝。美国人赢了这场登月竞赛。

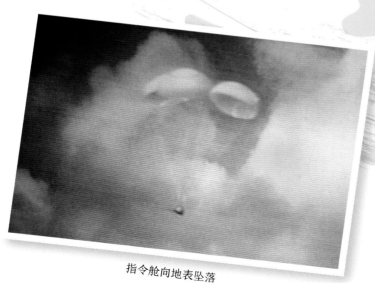
指令舱向地表坠落

隔离室

从月球回来之后，阿姆斯特朗、巴兹和迈克尔不得不在隔离室待上21天，因为人们担心他们可能会携带致命的月球病菌回来！然而，后来得到证实，月球上并无生命迹象，因此人们的担心是多余的。

在移动隔离室中生活

宇航员们和美国总统理查德·尼克松见面

宇航员的环球之旅

"阿波罗11"号任务之后，宇航员阿姆斯特朗、巴兹和迈克尔成了全世界人民心中的大英雄。所有人都想亲眼看到"月球人"的风采。

隔离期刚一结束，"阿波罗11"号的宇航员们就开启了他们在全美的庆祝之旅。后来他们又带着各自的妻子珍妮特·阿姆斯特朗、琼·奥尔德林和帕特·柯林斯展开了世界之旅。

作为第一个登月成功的国家，美国开始在全世界大力宣传自己的成功经验。宇航员们在45天内走访了24个国家，拜访了皇室和政客，与各地群众会面。宇航员们的这次环球之旅被称为"一大步——'阿波罗11'号总统亲善之旅"。

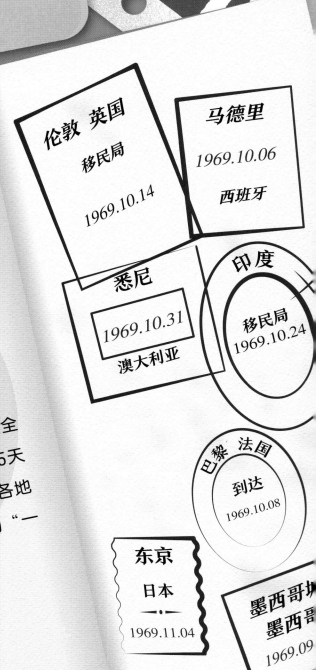

伦敦 英国
移民局
1969.10.14

马德里
1969.10.06
西班牙

悉尼
1969.10.31
澳大利亚

印度
移民局
1969.10.24

巴黎 法国
到达
1969.10.08

东京
日本
1969.11.04

墨西哥城
墨西哥
1969.09

墨西哥 墨西哥城
在墨西哥城，头戴墨西哥宽檐帽、身披南美特色披风的宇航员们受到了数千群众的热烈欢迎

法国 巴黎
法国报纸《费加罗报》的读者筹款为宇航员们打造了三座纯金的登月舱复制品

肯尼迪国际机场

希思罗机场

PA 0102

转 机

英国 伦敦
宇航员们在白金汉宫接受女王和其他皇室成员的接见

西班牙 马德里
在马德里的埃尔帕多皇宫，宇航员们见到了弗朗西斯科·佛朗哥将军，即1939年到1975年间西班牙的统治者

日本 东京
宇航员们在车队的头车里向群众挥手致意。他们刚从韩国赶过来

入境

澳大利亚 悉尼
宇航员们参加了在悉尼海德公园举行的欢迎会。之后他们在这里发表了演讲，和大家分享自己登陆月球的体验

印度 孟巴
阿姆斯特朗、巴兹和迈克尔走在欢迎队列的最前面。孟巴后改名为孟买

一次成功的失败

"发射！"

对吉姆·洛弗尔（左）而言，他的新任务非常特别。他已经驾驶"阿波罗8"号完成了绕月飞行。现在，他将作为"阿波罗13"号的指令长，再次踏上月球表面，同行的还有杰克·斯威格特（中）和弗莱德·海斯（右）。

1970年4月11日，他们开始了航天之旅。这是美国航空航天局第三次尝试将人类送上月球表面。然而，对于登月，公众已经没有刚开始的那股热情了。

"休斯敦，我们刚刚有个麻烦。"

4月13日，在启动风机搅拌服务舱中的液氧罐和液氢罐后，宇航员们听到了一声爆炸。他们陷入了大麻烦。液氧罐发生了爆炸，服务舱严重受损。位于得克萨斯州休斯敦市的地面控制中心命令他们即刻返航。

宇航员们面临着大量的技术问题，例如登月舱中逐渐积累的有毒二氧化碳。然而，在地球上指挥中心团队的帮助下，他们找到了解决方案。

在能源有限的情况下，宇航员们最大的逃生希望就是把登月舱作为一艘救生艇。他们继续飞向月球，并在绕月飞行时将这艘救生艇弹射回地球。

宇航员们回到指令舱，然后他们丢掉登月舱准备重返地球。全世界都屏住了呼吸观看这次返航。

随着"阿波罗13"号接近地球，宇航员们丢弃了服务舱。他们看到服务舱的一整块侧板被吹落。

溅落！

在数日不停地工作后，地面控制中心的团队成功地把宇航员们带回了家。指挥大厅内爆发出欢呼声和掌声。

宇航员们得到了尼克松总统的接见，并被授予总统自由勋章。有时人们并不总是因为成功才会取得成就！

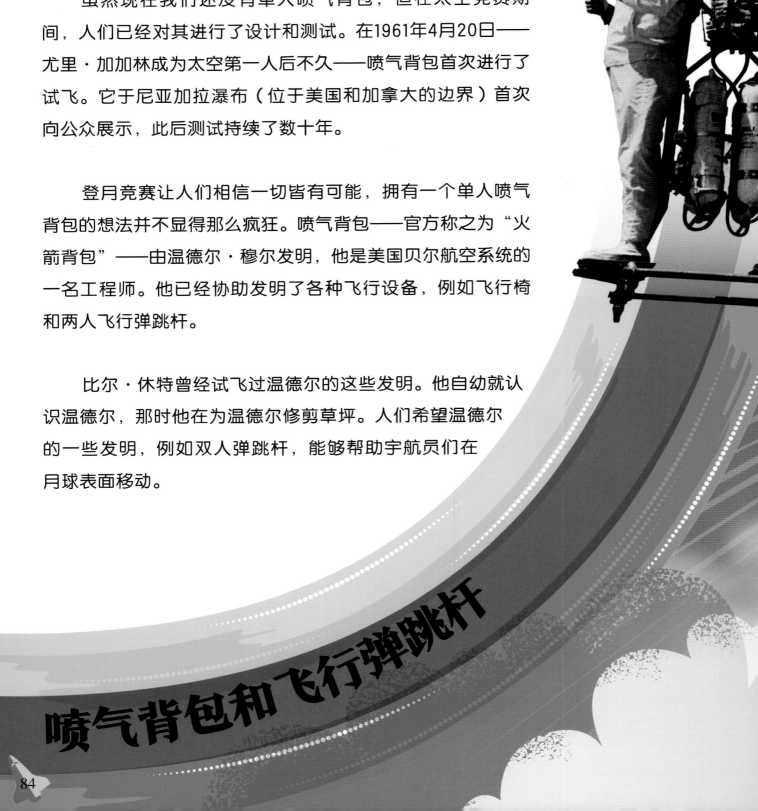

虽然现在我们还没有单人喷气背包，但在太空竞赛期间，人们已经对其进行了设计和测试。在1961年4月20日——尤里·加加林成为太空第一人后不久——喷气背包首次进行了试飞。它于尼亚加拉瀑布（位于美国和加拿大的边界）首次向公众展示，此后测试持续了数十年。

登月竞赛让人们相信一切皆有可能，拥有一个单人喷气背包的想法并不显得那么疯狂。喷气背包——官方称之为"火箭背包"——由温德尔·穆尔发明，他是美国贝尔航空系统的一名工程师。他已经协助发明了各种飞行设备，例如飞行椅和两人飞行弹跳杆。

比尔·休特曾经试飞过温德尔的这些发明。他自幼就认识温德尔，那时他在为温德尔修剪草坪。人们希望温德尔的一些发明，例如双人弹跳杆，能够帮助宇航员们在月球表面移动。

喷气背包和飞行弹跳杆

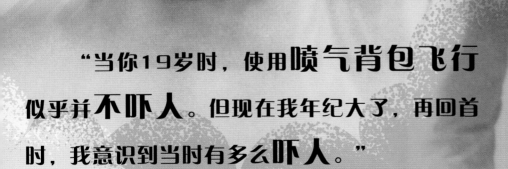

飞行弹跳杆
飞行弹跳杆曾进行过试飞，但从未被大规模生产过

"当你19岁时，使用**喷气背包飞行**似乎并**不吓人**。但现在我年纪大了，再回首时，我意识到当时有多么**吓人**。"

——比尔·休特

火箭背包
这张照片是1966年，比尔·休特正在测试一个喷气背包

85

月球车

在前3次登月中，宇航员们只能在月表上行走。从"阿波罗15"号开始，宇航员们带着一辆车登上月球，这使得他们可以一次旅行上千米。

月球车

月球车（也称为LRV）是一辆电池驱动的汽车，行驶速度能达到18千米/小时。它能搭载两名宇航员、他们的装备以及月球样品。

车轮

钛材料的胎面使轮胎可以牢牢地抓住粗糙的月球土壤

宇航员

驾驶月球车非常颠簸，因此宇航员们不得不系紧用尼龙搭扣固定的安全带

操纵杆

宇航员可以通过一个T形的操纵杆来驾驶月球车

"你真的不会在月球上迷路：因为只要沿着车轮印返回就行！"

——查尔斯·杜克，"阿波罗16"号宇航员

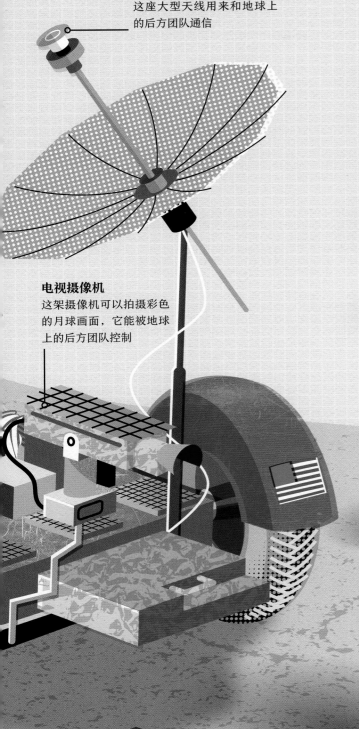

天线
这座大型天线用来和地球上的后方团队通信

电视摄像机
这架摄像机可以拍摄彩色的月球画面，它能被地球上的后方团队控制

在月球上

詹姆斯·艾尔和大卫·斯科特——"阿波罗15"号的登月队员——是第一次在月球上开车的人。在这张照片中，吉姆在向美国国旗敬礼。右边是月球车。

"阿波罗15"号着陆点

取出月球车

将一辆车带到月球上极其困难。月球车重210公斤，被折叠放在一个特殊的隔层中，宇航员们一在月球着陆，就会把它取出来。

下降
宇航员通过一根带子将月球车从登月舱下部的储藏室中拽下来

展开底盘
随着月球车下降，它的车架（即底盘）和车轮逐渐展开

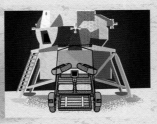

月球车分离
一旦底盘展开，月球车就和登月舱分离。然后车上的座位和搁脚板逐渐展开

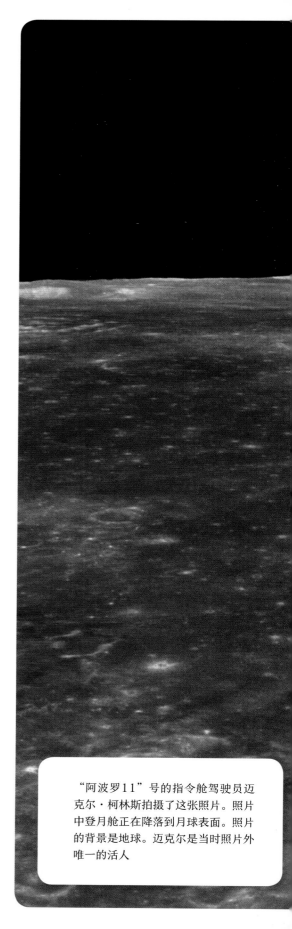

每次阿波罗任务都会有3名宇航员奔赴月球，但是其中只有两个人会在月表行走。另外一个人——即指令舱驾驶员——不得不一直孤独地绕月飞行。

指令舱驾驶员的角色非常重要。他们必须照看好指令/服务舱（CSM），这是队员们返回地球和在高空探测月球的唯一途径。如果在月球上发生了灾难性的失败，他们只能独自返回地球，幸运的是，这种情况尚未发生过。在后期的阿波罗任务中，指令舱驾驶员甚至开始进行舱外行走，去取飞船外部的相机底片。

当指令/服务舱穿过月球背面时，驾驶员将会失去所有通信，这使得驾驶员陷入了绝对的孤独。然而，他们并没有时间去感受孤独，因为他们在和其他两名宇航员会合之前有着繁重的任务要完成。在黑暗的太空中，他们可以看到外面的宇宙和多到数不清的星星。

"阿波罗11"号的指令舱驾驶员迈克尔·柯林斯拍摄了这张照片。照片中登月舱正在降落到月球表面。照片的背景是地球。迈克尔是当时照片外唯一的活人

指令舱驾驶员需要做什么？	
操作清单	
1. 了解指令/服务舱上的所有系统	
2. 作为发射期间的飞行工程师	
3. 在旅途中负责导航和航向修正	
4. 在绕月飞行期间驾驶指令/服务舱	
5. 从指令/服务舱上给月球表面拍照	
6. 为未来的阿波罗任务寻找着陆点	
7. 在登月舱无法返回太空时进行营救	

警报密码

导航

着陆数据

重返数据

最后的旅程

1972年12月，"阿波罗17"号执行了最后一次登月任务。美国国家航空航天局原本打算完成10次登月任务，但由于资金的削减，最后只能完成6个。

对"阿波罗17"号的指令长尤金·"吉恩"·塞尔南来说，指挥最后一次登月任务是他生命中最自豪的时刻。和他一同前往的还有登月舱驾驶员哈里森·"杰克"·施密特和指令/服务舱驾驶员罗纳德·埃万斯。其中哈里森是唯一一个到过月球的科学家。

"阿波罗17"号在月球上待了3天。宇航员还在陶拉斯−利特罗谷发现了橙色的土

"到达月球表面时，尘土飞扬。登月舱的引擎关闭了。**这里没有任何声音**，我们神奇般地进入了另一个世界。"

——吉恩·塞尔南

杰克·施密特站在一块巨石旁边。最右边可以看到月球车

壤。后来科学家们从他们带回的土壤样本中找到了极少量水的存在，这为他们了解月球的形成提供了帮助。

在离开月球之前，吉恩·塞尔南回头看了看自己在月球上留下的脚印。他知道，他再也不会回到这里。阿波罗登月计划至此结束。

月球最后的访客
截至目前，吉恩（左）和杰克（右）仍然是最后一批登月人

月球土壤
阿波罗最后一次登月任务带回了一些橘色土壤。这种不同寻常的颜色是远古时期火山活动导致的结果

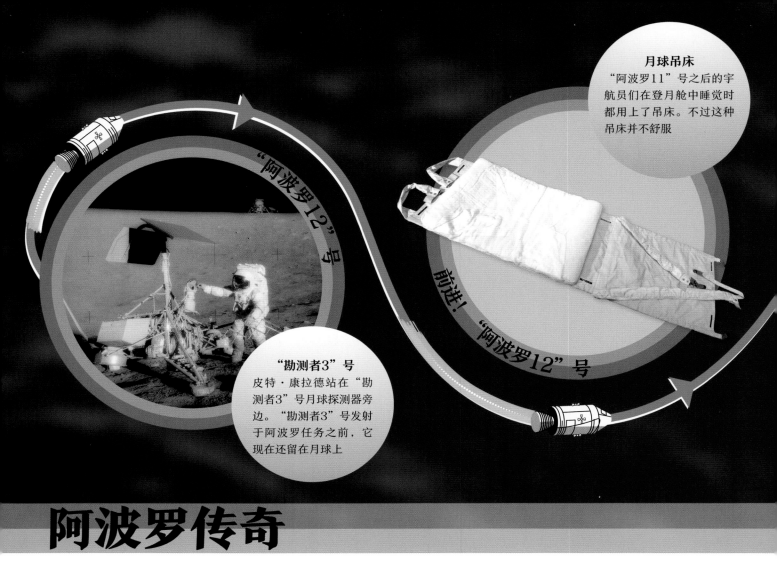

月球吊床
"阿波罗11"号之后的宇航员们在登月舱中睡觉时都用上了吊床。不过这种吊床并不舒服

"勘测者3"号
皮特·康拉德站在"勘测者3"号月球探测器旁边。"勘测者3"号发射于阿波罗任务之前，它现在还留在月球上

前进！"阿波罗12"号

"阿波罗12"号

阿波罗传奇

阿波罗计划彻底地改变了我们对月球的看法。宇航员一共带回了重达382千克的月球岩石、砂砾和尘土。现在它们仍然是科学家们的研究素材，为我们了解月球提供了很多线索。对月球的深入了解有助于我们更好地了解地球。现在，大多数科学家都认为，月球是早期地球被一颗火星大小的物体撞击后形成的。

"阿波罗"号宇航员从月球上带回的土壤也有助于科学家研究太阳在几百万年间的活动。月球没有像地球那样的大气层，所以其表面一直受到太阳强烈的辐射。我们可以看到月球的岩石上太阳射线留下的痕迹。

这些发现都是了解地球、太阳系乃至

月球上的高尔夫
这段模糊的影像展示了"阿波罗14"号宇航员艾伦·谢泼德在月球上打高尔夫球时的场景。他永远也找不到自己的高尔夫球了

"阿波罗14"号

月球上的纪念碑
"阿波罗15"号的宇航员们在纪念牌的旁边摆放了一个倒下的宇航员人偶，以此纪念那些在太空竞赛中牺牲的宇航员们

"阿波罗14"号

"阿波罗15"号

月球树
"阿波罗14"号指令舱驾驶员斯图尔特·罗萨带了数百颗树种上飞船。后来，他们被种植在地球上，长成参天大树，名为"月球树"。

整个宇宙的线索。未来的宇宙探索已经在我们的眼前展开，阿波罗就是一个很好的开头。

阿波罗计划不仅是科学研究上的重大突破，也是人文思想的重要体现。未来，当人们重返月球，再次踏上当年的登陆点时，会发现各种各样的宝藏。他们会阅读纪念牌上的文字："我们代表全人类为和平而来。"他们会找到宇航员曾经使用过的月球车。他们甚至可能还会找到当年艾伦·谢泼德丢失的高尔夫球。时至今日，阿波罗登月计划仍然是人类历史上最重要的篇章。

月球上的足迹

从古至今，登上过月球的只有以下这12个人。

登月点地图
这张"阿波罗17"号登月点的照片是美国国家航空航天局的月球勘测轨道飞行器（LRO）于2011年拍摄的。你可以在照片中看到宇航员们的脚印、轮胎的痕迹以及登月舱的下降级

"阿波罗11"号 尼尔·阿姆斯特朗

"阿波罗11"号登陆成功后，阿姆斯特朗变得家喻户晓。不过他并没有沉醉在荣誉的光环中，而是继续从事自己的毕生所爱：飞行事业

"阿波罗11"号 巴兹·奥尔德林

登月之后，巴兹·奥尔德林又投身于火星登陆的事业中。他在全世界各地奔走呼号，激励大家继续去探索那颗神秘的红色星球

"阿波罗12"号 查尔斯·"皮特"·康拉德

皮特在月球上的第一句话是："天哪！或许这对尼尔来说是一小步，对我可是一大步呢。"

宇航员们的脚印

登月舱的下降级

"阿波罗12"号 艾伦·宾

结束登月之旅后，艾伦成为一名画家，用自己画出的月球风貌激励别人

"阿波罗14"号 艾伦·谢泼德

艾伦是"水星七杰"中唯一一个登上过月球的人。他在月球上打了一次高尔夫球。据他所说，那个高尔夫球飞了好远好远

"阿波罗14"号 艾德加·米切尔

从月球回来之后，艾德加·米切尔成立了太空探险者协会。只有去过太空的人才有资格入会

94

"阿波罗15"号 大卫·斯科特

大卫·斯科特和詹姆斯·艾尔文在月球上散步时，发现了一块形成于40亿年前的石头

"阿波罗15"号 詹姆斯·艾尔文

站在月球上，詹姆斯·艾尔文回首望向地球，不禁发出了这样的感叹："地球是如此美丽而脆弱！"

"阿波罗16"号 约翰·杨

约翰·杨是美国国家航空航天局有史以来最出色的宇航员之一。他曾6次前往太空，并且是首位驾驶航天飞机的人

轮胎的痕迹

"阿波罗16"号 查尔斯·杜克

36岁的查尔斯·杜克是最年轻的登月者

"阿波罗17"号 尤金·"吉恩"·塞尔南

吉恩是最后一位在月球上行走的人。他一生都在推动太空探索事业的发展，期待有一天人们能重返月球

"阿波罗17"号 哈里森·"杰克"·施密特

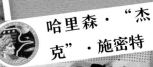

杰克是唯一一位曾经登上过月球的科学家。在那之后，他成了一名参议员

月球上的全家福
查尔斯·杜克把他的全家福照片留在了月球上。后来，吉恩·塞尔南在月球表面上写下了女儿名字的缩写

幕后英雄

克里斯·克拉夫特
克里斯提出了地面控制中心这一概念。他是美国国家航空航天局首位飞行主任。甚至地面控制中心大楼就是以他的名字命名的

迪克·斯雷顿
迪克曾经是"水星七杰"中的一位，但因为心脏问题而与太空无缘。后来，他负责宇航员的训练和管理工作，在每次太空任务的选人、用人上扮演着至关重要的角色。就是他确定了谁是登月第一人。后来多亏了现代医疗技术的发展，他的太空梦终于得以实现。1975年，他在"阿波罗-联盟"测试计划中升入太空

在每一次阿波罗任务的执行过程中，为大众所熟知的大多是冲锋在前的宇航员。但每次任务成功的背后都离不开一支默默奉献的团队。这支队伍由40万人组成。

他们中有亲手缝制了每一件航天服的巧手女性，有保持太空舱干净整洁的清洁员工，还有解决了一个又一个技术难题的科学家和工程师。每个人的工作都很重要，只有大家齐心协力，才能确保每一次阿波罗任务的成功。

来自全世界各地的科学家和工程师为每一次阿波罗任务提供了支持。即使是相隔万

迪伊·奥哈拉

迪伊·奥哈拉是一名太空护士，她负责照看宇航员及其家人的身体健康。她负责给阿波罗宇航员做升空前和返回后的体检

吉恩·克兰兹

吉恩·克兰兹工作时总喜欢穿马甲，所以地面控制中心的同事们给他取了个绰号"马甲男"。吉恩·克兰兹是"阿波罗11"号登月时的飞行主任

里的国家，例如澳大利亚、英国和西班牙，也积极帮忙。每次任务中，他们都会帮忙追寻阿波罗飞船的运动轨迹。

在无数无名英雄的努力下，阿波罗任务才得以顺利完成。科学无国界，众人拾柴火焰高——这是阿波罗探月计划和太空竞赛给人类上的宝贵一课。

当月球上的宇航员仰望地球，大声宣告"我们来了"的时候，地球上的幕后英雄们也在心潮澎湃地看着月球，他们知道，月球上的伟大事业也有他们的一份功劳。

和平太空

1975年7月17日，美国"阿波罗"号宇宙飞船和苏联的"联盟"号在太空中对接。对接之后，两艘飞船的指令长飘浮在空中，在对接处会面握手。地球上数百万人观看了这激动人心的一幕。两船的对接标志着美国和苏联太空竞赛的结束。从此，两个国家将合作探索太空。

见证这一历史时刻的是苏联宇航员阿列克谢·列昂诺夫和瓦列里·库巴索夫以及美国宇航员托马斯·斯塔福德、迪克·斯雷顿和文斯·布兰德。他们交换了礼物并共同完成了科学实验，还和美国总统杰拉尔德·福特、苏联领导人勃列日涅夫通了电话。

宇航员们将分属两国的纪念匾牌组装在一起，以此来纪念此次对接。两天后，两国宇航员向对方告别，飞船分离去完成各自的任务。

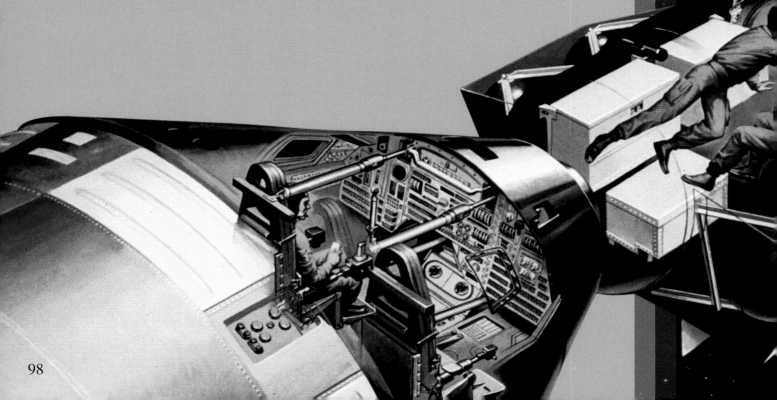

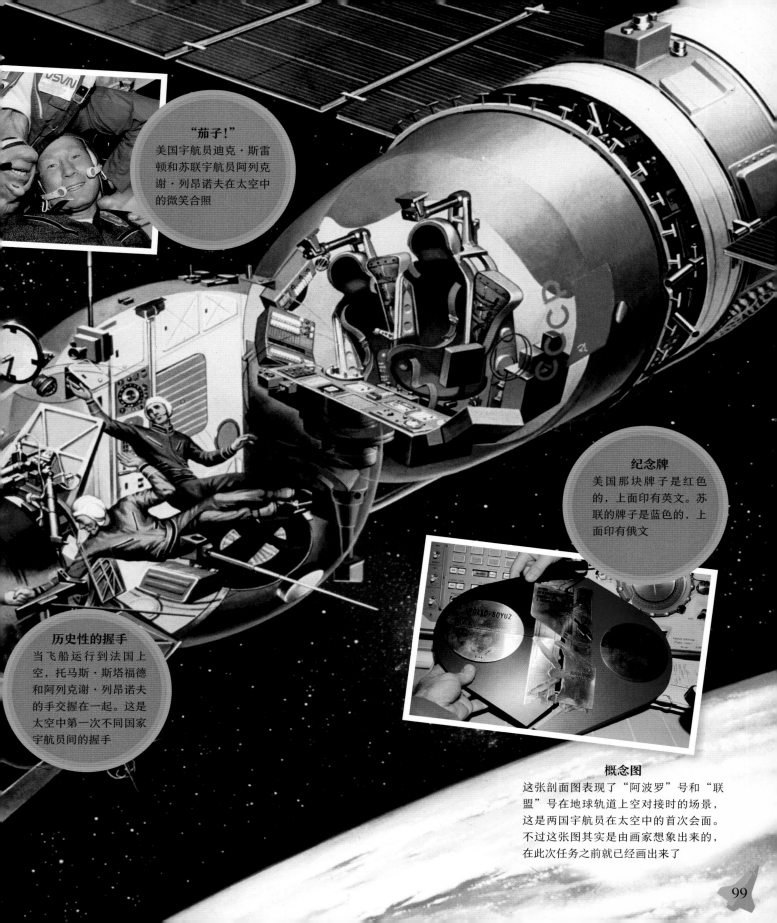

"茄子!"
美国宇航员迪克·斯雷顿和苏联宇航员阿列克谢·列昂诺夫在太空中的微笑合照

纪念牌
美国那块牌子是红色的,上面印有英文。苏联的牌子是蓝色的,上面印有俄文

历史性的握手
当飞船运行到法国上空,托马斯·斯塔福德和阿列克谢·列昂诺夫的手交握在一起。这是太空中第一次不同国家宇航员间的握手

概念图
这张剖面图表现了"阿波罗"号和"联盟"号在地球轨道上空对接时的场景,这是两国宇航员在太空中的首次会面。不过这张图其实是由画家想象出来的,在此次任务之前就已经画出来了

苏联的
下一步棋

大家原本以为苏联会是第一个成功登月的国家，毕竟他们之前有过那么多的第一次：他们的飞船率先进入了月球轨道，之后第一次给月球背面拍了照。1968年9月，他们甚至把乌龟送到了月球附近，并安全返回。

不过，苏联并没有将人送上月球。在"阿波罗11"号登月之后，苏联将自己的研究重心转移到了无人探测上，因为这样耗资没那么巨大。

苏联向其他行星发射了探测器。他们率先拍到了金星表面的照片，还创立了国际空间站，为宇航员们的太空生活、工作提供了场所。

苏联的登月飞行器

苏联也发明了载人登月飞行器，不过这个飞行器从未被投入使用。后来他们将无人探测器"月球16"号送上了月球，采集月球土壤并带回了地球。

苏联载人登月飞行器模型

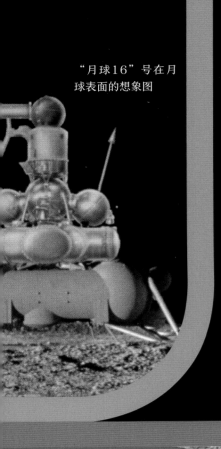
"月球16"号在月球表面的想象图

探索金星

　　一开始，苏联在探索金星上占据了上风。1970年到1985年，他们向金星发射了几个探测器，其中就包括金星号探测器。"金星"号探测器传回了金星表面的照片。苏联还专门发行了邮票庆祝金星号探测器的成功发射。

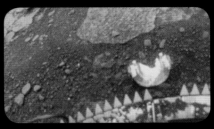
金星表面的彩色照片。"金星13"号拍摄于1982年

苏联的月球车

　　"月球车1"号是一辆自动月球车，长2.3米，高1.5米。从1970年到1971年，它在月球表面探索了10个月。

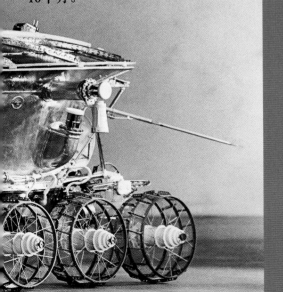

首个空间站

　　苏联设计并建设了世界上首个空间站——"礼炮"号空间站，尽管并非所有任务都顺利完成。美国紧随其后，也建立了自己的空间站——"天空实验室"。

101

旅行者计划

探索宇宙的热情并未随着阿波罗计划的结束而结束。阿波罗计划只是我们太空探索的开端。1977年，美国国家航空航天局发射了一对探测器："旅行者1"号和"旅行者2"号。它们将飞出太阳系去探索其他星球。现在它们的旅程还在继续，它们将前往从未有人造物体到达过的远方。

发射
"旅行者1"号从美国佛罗里达州的卡纳维拉尔角发射升空。它将会成为首个到达木星和土星的飞行器，因此被命名为"旅行者1"号

木星
"旅行者1"号到达木星。它传回的木星照片显示，大红斑其实是一团巨大的风暴。"旅行者1"号还在木卫一上发现了火山

探测器
"旅行者"号探测器在飞出太阳系后还能向地球传送信号

1977年9月5日

"旅行者1"号

1979年3月5日

1980年11月9日

"旅行者2"号

1977年8月20日

1979年7月9日

1981年8月25日

发射
"旅行者2"号从美国佛罗里达州的卡纳维拉尔角发射升空。虽然比"旅行者1"号发射得早，但它会在"旅行者1"号后面到达木星和土星，所以被命名为"旅行者2"号

木星
"旅行者2"号拍摄到了木星的光环，还观测到了木卫一上的火山爆发

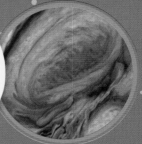

土星
"旅行者2"号与土星亲密接触，拍摄到了土星的照片，还从土星那些冰冷的卫星旁经过，其中包括土卫三和土卫八

土星
"旅行者1"号拍摄了土星和它最大的卫星土卫六的照片。它还发现了3颗新卫星：土卫十五、土卫十六和土卫十七

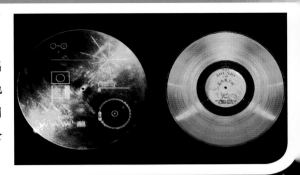
地球
在距离太阳60亿千米的地方，"旅行者1"号给地球拍了张照片。照片中那个灰蓝色的小点就是地球

冲出太阳系
"旅行者1"号成为首个冲出太阳系的人造物体

1990年2月14日

2012年8月25日

1986年1月24日

1989年8月25日

天王星
"旅行者2"号是首个并且是唯一拜访过天王星的探测器。它传回了天王星的照片。人类第一次近距离地看到了天王星的真容

海王星
"旅行者2"号发现了海王星的6颗新卫星和海王星上的一场巨大风暴。这个风暴被称为海王星上的"大黑斑"

航天飞机

19世纪80年代初，美国国家航空航天局的宇航员开始执行一项新的任务——驾驶航天飞机离开地球。与早期只能使用一次的航天器相比，航天飞机可以多次航行。

方向舵
方向舵用来帮助轨道器在降落之前减速

燃料罐
主发动机的燃料储存在两个罐子里

航天飞机主发动机（SSME）
3个主发动机推动航天飞机进入轨道，并控制其驶入正确的方向

发射！
航天飞机由3部分组成：轨道器，用于搭载宇航员；一个大型的橙色燃料罐，被称作外挂燃料箱；两个固体火箭助推器，用于将航天飞机送入太空。

防热罩
机翼的边缘和轨道器的下方有片状防热罩，它可以使轨道飞行器在返航期间免受高强度热量的伤害

太空行走
宇航员可以从气闸室出去进行太空行走

加拿大臂

加拿大臂是宇航员用来释放和抓取卫星的一个机械手臂

货舱

用于运输卫星和国际空间站的零部件

着陆

尽管航天飞机绕地飞行时是上下颠倒的姿态，但在重返大气层之前它会快速翻转过来，因此它的防热罩会保护它。它向下滑行逐渐降落到一个跑道上。为了助其减速，轨道器后部的一个降落伞会打开。

Canada

Canada

Discovery

驾驶舱

在发射和返航期间，指令长和驾驶员将会坐在这里

中层甲板

这片区域包含储物柜、额外的宇航员座椅、准备食物的厨房和一扇通往气闸室的门

有效载重舱门

两个铰链门可以在轨道器部署卫星时打开。敞开的门也可以帮助冷却轨道器

起落架

飞行器头部和机翼下方配置了轮子，用来在跑道上降落

第一批女性宇航员

1978年，美国国家航空航天局招募了第一批女性宇航员。1983年6月18日，萨莉·莱德成为第一位进入太空的美国女性

新 一 代

　　航天飞机时代为美国国家航空航天局的新一代宇航员提供了舞台。过去，所有宇航员都是男性，其中大部分是军队中的试飞员。随着时代的变迁，社会变得更加包容，像圭恩·布鲁福德这样的非裔美国人也有机会加入太空探索的事业中。

　　美国国家航空航天局也开始招募女性宇航员，并打算将她们送入太空。朱迪斯·蕾斯尼克就是其中一员。她是一名电气工程师。1978年，美国宇航员招募了第一批女性宇航员。她们激发了更多女性前往太空的梦想。

　　太空也变得全球化起来。越来越多的国家加入了太空探索的行列，由此引发的科技创新和进步让所有国家都受益无穷。尽管在当时，美国和苏联是唯一有能力将人送入太空的国家，但他们也会将其他国家的宇航员，例如沙特阿拉伯、英国和印度，送入太空。

太空里第一位非裔美国人

1983年8月30日，工程师兼战斗机飞行员圭恩·布鲁福德成为第一位进入太空的非裔美国人

第一位航天飞机女机长

1999年7月23日，艾琳·科林斯成为第一位航天飞机女机长

国际宇航员们

来自世界各地的人们都开始飞向太空。从太空返回后，他们会回到自己的国家大力宣传太空探索事业

沙特阿拉伯
苏尔坦·萨尔曼·阿勒沙特

英国
海伦·沙曼

印度
拉科什·沙尔马

"和平"号

1986年，苏联开始建设"米尔"号空间站，米尔在俄语中意为"和平"。"和平"号空间站在太空上组装，耗时10年才建成。时至今日，它仍是轨道中最大的人造物体。

"和平"号空间站在太空中已经运行了15年，曾有一百多人到访过这里。有些人在里面一待就是几个月。他们在空间站做了大量的科学实验，并且帮助我们更好地了解了长期处在太空环境下对人体的影响。

"和平"号空间站在太空中运行的这段时间里，地球上发生了翻天覆地的变化。1991年，苏联领导人米哈伊尔·戈尔巴乔夫下台，苏联解体，变成了俄罗斯和其他一些国家。"和平"号空间站的宇航员回到地球后，发现自己来到了另外一个国家。苏联的解体促成了美国和俄罗斯在太空方面的合作。美国的航天飞机和俄罗斯的"联盟"号宇宙飞船都会将宇航员送往"和平"号空间站。两个国家在太空探索上展开了密切合作。

关键部分

1 **"进步"号货运飞船**
货运飞船只负责将物资运送到"和平"号空间站

2 **太阳能板**
太阳能板利用阳光产生能量

3 **核心舱**
这里是空间站的核心部位，其中包含了生活区

4 **"晶体"号对接舱**
美国国家航空航天局的航天飞机可以通过这里和"和平"号空间站对接

5 **"量子2"号**
这个船舱有气闸室，宇航员可以从这里出去进行太空行走

6 **"联盟"号宇宙飞船**
俄罗斯的"联盟"号宇宙飞船可以将人员和物资送往"和平"号空间站

"和平"号上的生活
这是一张美国宇航员和俄照。"和平"号空间站险。1997年，这里曾遇到了

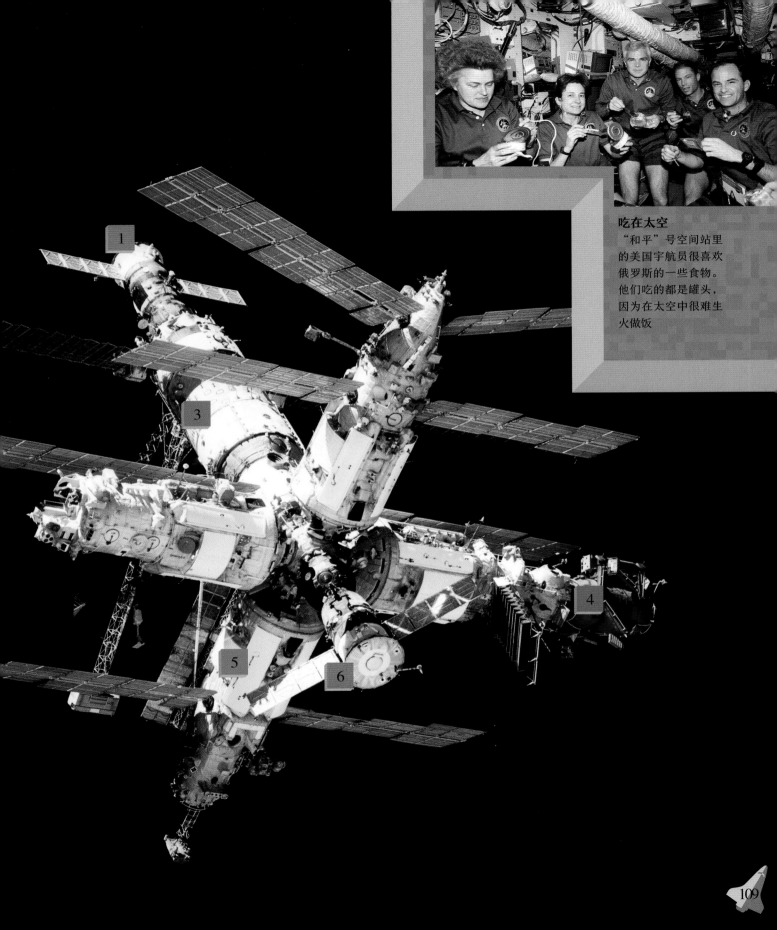

吃在太空

"和平"号空间站里的美国宇航员很喜欢俄罗斯的一些食物。他们吃的都是罐头，因为在太空中很难生火做饭

1

3

4

5

6

没有了地球上朦胧的大气层，望远镜可以获得更清晰的宇宙视野。第一代火箭工程师们梦想把望远镜放到太空中，在数十年后的1990年，美国国家航空航天局将哈勃空间望远镜送入了地球轨道。

主镜
哈勃空间望远镜的主镜直径2.4米。它的工作是将光线反射至副镜

反作用轮
这些反作用轮可以使望远镜对准太空中的物体和星星

副镜
副镜的直径刚好超过30厘米。它将光线通过主镜上的一个小孔反射回哈勃空间望远镜的摄像机中

精细制导传感器
哈勃空间望远镜有3个精细制导传感器（FGS）。它们可以维持望远镜的稳定，进而确保图像不模糊，同时可以帮助其锁定明亮的星星

太阳能板
这些太阳能板可以将阳光转化为哈勃空间望远镜所需的电能

通信天线
数字图像转化为无线电波，通过这些天线输送回地球

护镜盖

如有必要，可以关闭护镜盖以阻止强烈的阳光损坏望远镜

为了维修哈勃空间望远镜，航天飞机会飞到它身边，用机械手臂抓住它后放进飞机的货舱中。在那里，宇航员可以对其进行维修并置换损坏的部件。

照片

哈勃空间望远镜为我们拍摄了美轮美奂的宇宙美景。它已经拍摄了成千上万张照片，向我们展示了正在诞生的恒星和极其遥远的星系。

蜘蛛星云
这张照片展示了银河系最近的邻居——蜘蛛星云

礁湖星云
哈勃空间望远镜在它28岁生日那天拍摄了这张照片。这张照片聚焦于一个恒星，它比我们的太阳亮200,000倍

1998年

"曙光"号

"曙光"号功能货舱是第一个被送上太空的部件。它由俄罗斯制造，可以为国际空间站的建设提供电能和补给

2005年

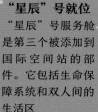

"星辰"号就位

"星辰"号服务舱是第三个被添加到国际空间站的部件。它包括生命保障系统和双人间的生活区

2000年

逐渐壮大

到了2005年，国际空间站已经有了一个科学实验室、气闸室和加拿大臂2号——一个可以移动设备的机械手臂

扩张

国际空间站装上了更多的太阳能板。太阳能板可以收集阳光，并将其转化成电能

1998年，国际空间站（ISS）动工。人们在轨道上搭建起这座空间站，所使用的每一块材料都是美国和俄罗斯从地面运送上去的。两国的宇航员进行了难度系数颇高的太空行走来组装舱体、给系统布线以及从外部修缮国际空间站。

太空从一个激烈竞争的战场变成了共同合作的家园，即使这两个国家在地球上的关系并不友好。

全世界共有15个国家参与到国际空间

国际空间站建成记

2010年

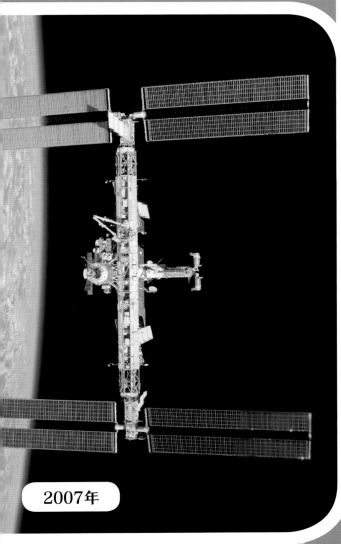

2007年

新的里程碑
国际空间站的大小已经超过了一个足球场。它是绕地球运行的最大的人造物体

站的建设中。在所有人的不懈努力下，这座全世界最大的太空住所终于成功运行在距离地面400千米的高空。自2000年11月2日起，国际空间站里一直都有人在辛勤工作。

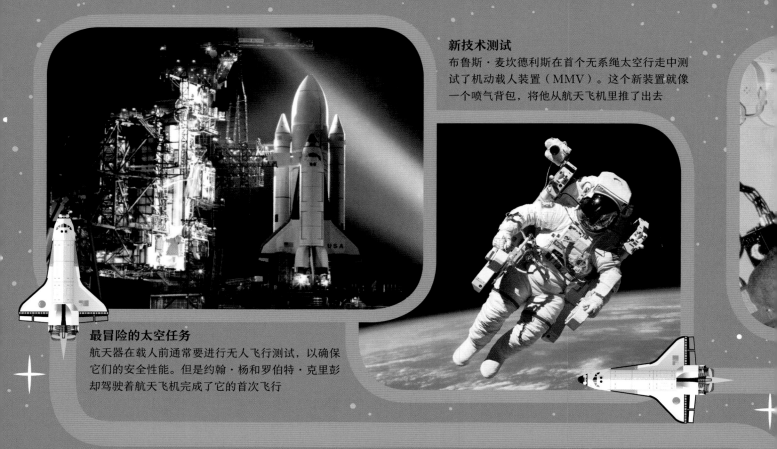

新技术测试
布鲁斯·麦坎德利斯在首个无系绳太空行走中测试了机动载人装置（MMV）。这个新装置就像一个喷气背包，将他从航天飞机里推了出去

最冒险的太空任务
航天器在载人前通常要进行无人飞行测试，以确保它们的安全性能。但是约翰·杨和罗伯特·克里彭却驾驶着航天飞机完成了它的首次飞行

太空运输

美国国家航空航天局制造了5艘可循环使用的航天飞机："哥伦比亚"号、"挑战者"号、"发现"号、"亚特兰蒂斯"号和"奋进"号。在过去的30年间，它们一共参加了135次飞行任务，协助完成了国际空间站的建设，发射了哈勃空间望远镜，并将355名宇航员送上了太空。

航天飞机是有史以来人类制造出的最复杂的机器之一。30多年来，它承担了大量工作。航天飞机可以被用于开展太空实验、发射卫星，或者将其他探测器送往太阳系的深处，去探索其他行星。航天飞机曾将"麦哲伦"号探测器送往金星，也曾将"伽利略"号探测器送到了木星的轨道上。

航天飞机完成的这135次太空任务为人类深入探索太空奠定了坚实的基础。

医疗技术研发
图中的宇航员诺曼·萨加德看上去像不像一个外星人？他不是在玩换装游戏，而是在研究太空旅行对人体的影响

部署卫星
航天飞机中的有效载重舱就是存放卫星的地方。进入太空后，宇航员还要确保卫星被安置在轨道合适的位置上

航天飞机史上的大悲剧

　　其实驾驶航天飞机是一项非常危险的任务。1986年的"挑战者"号和2003年的"哥伦比亚"号都发生了爆炸，共有14名宇航员在这两次事故中牺牲。

"挑战者"号机组成员

"哥伦比亚"号机组成员

国际空间站（ISS）是一座太空实验室，它以每秒7千米的速度在地球上空运行，最多可容纳6人。因为其体积庞大，所以地面上的人也能看到。国际空间站就像是一颗亮闪闪的星星，在天空中移动。

"希望"号实验舱
日本"希望"号实验舱有一个小气闸室，宇航员可以从这里进入太空中开展实验

充气太空舱
这是一个可扩展的太空舱，正处在测试中

加拿大臂2号
这是一个可以移动其他设备的空间机械臂，位于国际空间站外部。

穹顶舱
穹顶舱由欧洲空间局（ESA）制造。透过它的7扇窗户，宇航员们可以尽情欣赏地球的美景

"联盟"号
用于搭载宇航员和物资在地球和国际空间站之间往来

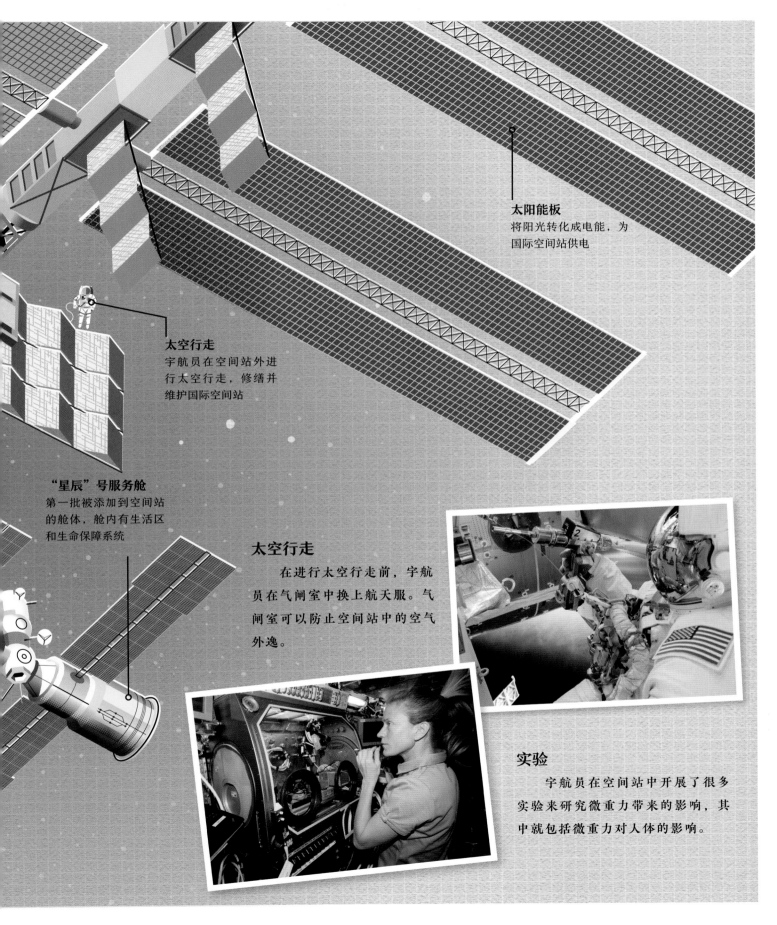

太阳能板
将阳光转化成电能，为
国际空间站供电

太空行走
宇航员在空间站外进
行太空行走，修缮并
维护国际空间站

"星辰"号服务舱
第一批被添加到空间站
的舱体，舱内有生活区
和生命保障系统

太空行走

在进行太空行走前，宇航
员在气闸室中换上航天服。气
闸室可以防止空间站中的空气
外逸。

实验

宇航员在空间站中开展了很多
实验来研究微重力带来的影响，其
中就包括微重力对人体的影响。

太空生活

对那些在国际空间站生活的宇航员来说，国际空间站就是他们在太空中的家。大多数宇航员都会在那里待上好几个月，甚至一年。他们在微重力的环境下是如何生活的呢？快随我们一起去看看吧。

洗澡

国际空间站里没有淋浴，所以洗头发是件很麻烦的事。你需要一袋水、免洗洗发水、毛巾和耐心。因为在洗头的过程中，水随时都会飘得到处都是

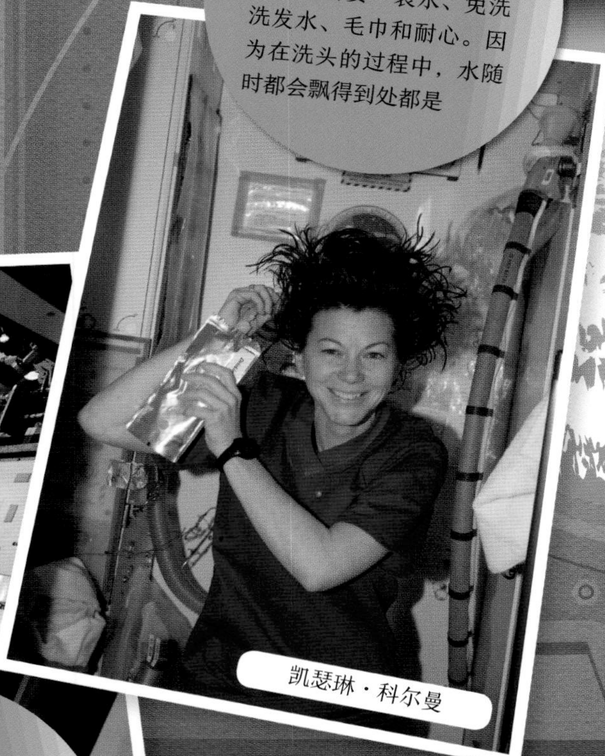

凯瑟琳·科尔曼

萨曼塔·克里斯托福雷蒂

锻炼

为了避免肌肉和骨骼退化，宇航员们每天都要进行锻炼。这就是宇航员们用来锻炼的跑步机。跑步过程中，宇航员们需要用绳索固定自己，以防飞到空中去

音乐

清晨，美国国家航空航天局会用优美的音乐唤醒宇航员们。国际空间站里甚至还有一把吉他。克里斯·哈德菲尔德（左图）还曾经用这把吉他在太空里录制了一张专辑

克里斯·哈德菲尔德

上厕所

这张照片展示的就是国际空间站的厕所。宇航员们在上厕所时要用绳索固定自己，否则他们就会飘起来。马桶是一个真空装置，可以将排泄物吸走

食物

宇航员们通常吃的都是脱水的食物。不过他们偶尔也能吃上新鲜的食物。补给飞船或者新来的宇航员有时会给他们带来新鲜的水果

提姆·皮克

佩姬·惠特森

欣赏风景

国际空间站里并不只有工作。宇航员们也有自己的休闲时间。他们会看看电影、读读书、发发邮件。不过对宇航员们来说，最受欢迎的娱乐活动还是透过窗户看地球

119

"联盟"号火箭

当美国的航天飞机于2011年7月停止飞行后，俄罗斯的"联盟"号火箭成为人们前往国际空间站的唯一途径。

"联盟"号火箭于1966年首次升空，它是世界上发射次数最多的一种火箭。不同型号的"联盟"号火箭承担了给国际空间站运送物资以及发射卫星等不同的任务。

"联盟"号火箭的顶部是"联盟"号宇宙飞船。飞船可容纳3人，由于其空间狭小，宇航员们只能蜷缩在里面。2000年11月，"联盟"号

挤进"联盟"号
"联盟"号火箭中唯一能返回地球的就是这个返回舱。这里面可真拥挤啊！

降落
重返大气层后，"联盟"号返回舱的降落伞会打开，起到减速的作用，同时引擎启动，缓冲着陆

火箭发射

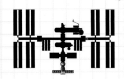
几小时后，"联盟"号宇宙飞船与国际空间站对接

"联盟"号宇宙飞船打开太阳能板，开始与国际空间站对接

在约200千米的高空，三级火箭分离，宇航员进入到失重环境中

在180千米的高空，二级火箭分离，三级火箭点燃，为飞船进入太空提供最后的推力

2分钟后，一级火箭推进器燃料用尽，从火箭上分离。30秒后，飞船的外壳也被丢弃

"联盟"号火箭搭载宇航员从哈萨克斯坦拜科努尔航天中心发射升空

火箭第一次将宇航员送上国际空间站。从那以后，国际空间站就一直停泊着一艘"联盟"号宇宙飞船。遇到紧急事故时，宇航员们可以搭乘它逃生。

　　搭乘"联盟"号火箭升空的宇航员们沿袭了加加林留下的传统。他们会对着运送他们前往发射基地的车的后轮胎撒泡尿，并在出发前种一棵树。

"联盟"号火箭十分安全可靠。它由三级火箭组成，发射9分钟后就能将宇航员送入太空。

驾驶宇宙飞船

在太空中，最令人兴奋的事情莫过于驾驶宇宙飞船！美国国家航空航天局的宇航员要想成为指令长，首先要成为驾驶员。

不过在太空中驾驶飞船并不容易，因为你先要学会掌握航天动力学。在太空中，你要减速让飞船飞得更快，加速让飞船慢下来。很奇怪吧！

航天飞机有三个飞行阶段。发射时，宇航员驾驶的是火箭；进入太空时，他们驾驶的是卫星；最后，他们会驾驶着飞机返回地球。

克里斯·弗格森
航天飞机最后一次飞行任务的指令长

"能指挥最后一次飞行任务是一项莫大的荣誉，这也是我生命中十分重要的时刻。现在，我作为美国国家航空航天局的商业飞行员驾驶波音公司的'星际线'载人飞船。我将把我的经验运用到下一代太空探索中。"

航天飞机的控制面板

3 插线板
宇航员可以使用这里的笔记本电脑进行一些活动，例如阅读飞行计划。

1 窗口
由三层玻璃组成，起到保护宇航员的作用。

4 开关
宇航员使用开关控制飞行器。

2 轨道数据
宇航员可以根据轨道数据来监控轨道引擎和电脑的状况。

5 监视器
监视器为宇航员提供飞船的信息。

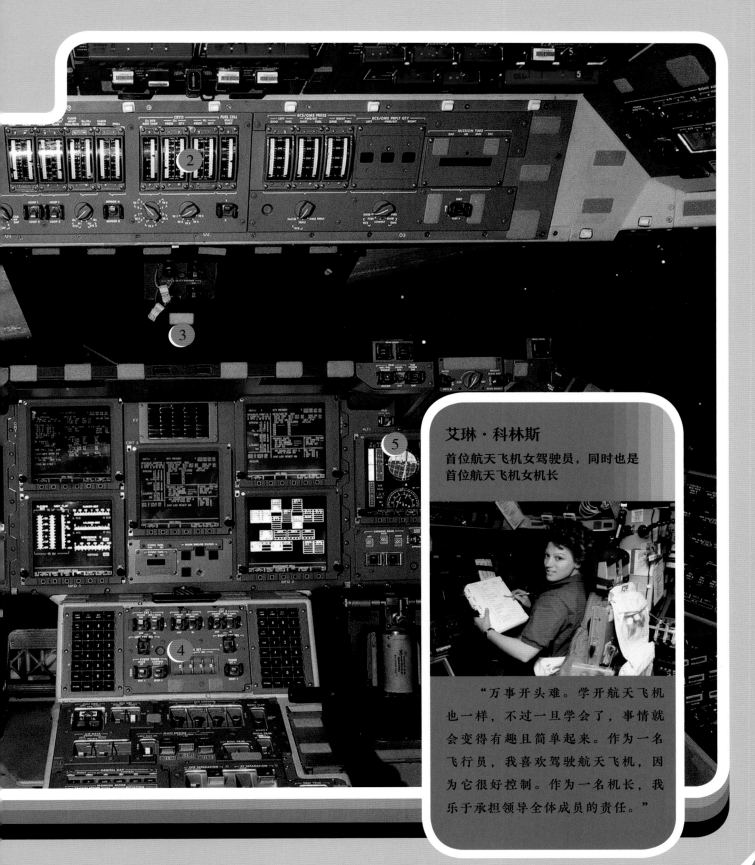

艾琳·科林斯

首位航天飞机女驾驶员，同时也是
首位航天飞机女机长

"万事开头难。学开航天飞机
也一样，不过一旦学会了，事情就
会变得有趣且简单起来。作为一名
飞行员，我喜欢驾驶航天飞机，因
为它很好控制。作为一名机长，我
乐于承担领导全体成员的责任。"

在人们的印象中，宇航员总是在太空工作。但事实并非如此。大部分时间他们其实都待在地面上。在进入太空之前，他们要接受长时间的训练，还要完成其他任务，例如在地面控制中心担任指令舱宇航通信员。

宇航员在地球上还要完成一项激动人心的工作：在海底生活。他们会化身为"潜航员"，和专业潜水员、科学家、工程师们一起在海底生活。这是美国国家航空航天局开展的极端环境任务行动（NEEMO）。潜航员们要在水瓶座基地生活长达4周。水瓶座基地位于美国佛罗里达州海岸附近，是一座位于水下19米处的海底实验室。

水下测试
塞雷娜·爱农-钱塞勒在水下测试工具，训练太空行走的技巧

潜航员

极端环境任务行动对宇航员来说意义重大。它可以帮助宇航员适应外太空的不同环境。

水瓶座基地内有几张供宇航员睡觉的床铺、一张饭桌还有开展饲养和研究的区域。这里虽然属于地球，但却为宇航员提供了类似于地外的环境。宇航员在这里面临的挑战也可能在月球、火星和其他行星上遇到。

为将来的太空任务做准备，潜航员们还会走出实验室，去海底寻找"土壤样本"以及开展"太空行走"。水下可以为他们提供和太空中类似的失重环境。

闲暇时光
休息中的潜航员提姆·皮克和斯蒂夫·斯奎尔斯玩起了平板电脑。几条鱼透过窗户好奇地看着他们！

一窗之隔
6位潜航员在海底执行任务，窗户后有两位潜航员在看着他们

拜访其他星球

无人探测器对探索太阳系来说至关重要。我们似乎已经很了解太空，但实际上我们仍然知之甚少。我们发现得越多，问题也就越多。

到目前为止，人类的活动范围主要集中在地球轨道上，至于那些更遥远的地方，则交给了这些探测器。很多国家都向太空深处发射了无人探测器，它们的行程加起来达到了几十亿千米。在向外探索的过程中，探测器发现了其他卫星上可能存在的液态海洋，聆听了木星大气层中奇怪的声音。

探测器是我们望向太空的眼睛，是我们聆听太空的耳朵。它们可以前往我们无法到达的地方，不断改写着我们对太空的认知。

月球上的"玉兔"号月球车

2013年，中国的"玉兔"号月球车登陆月球。"玉兔"号受地面人员控制，传回了很多精彩的彩色图片。

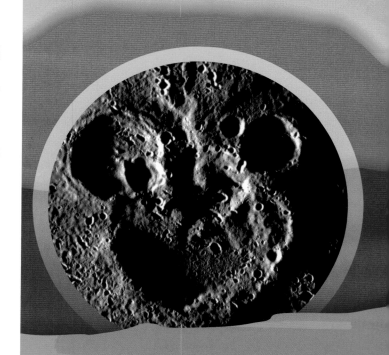

水星上的米老鼠

人们在水星上发现了一个酷似米老鼠的图案。不过事实证明这只是一堆陨石坑。这张图片是美国国家航空航天局的"信使"号探测器拍摄到的。

金星上的撞击坑

这个撞击坑是陨石撞击金星表面后形成的。这张图是将苏联的"金星"号探测器和美国的"麦哲伦"号探测器传回的数据结合在一起后绘制而成的。

土卫六的表面

土卫六有点像早期的地球，其表面还有大气层。欧洲的"惠更斯"号探测器登陆土卫六后发现，土卫六上有橘色的天空和黏糊糊的地面。

菲莱登陆器

欧洲空间局的"罗塞塔"号探测器携带着菲莱登陆器，一起航行在太阳系中。2014年，菲莱登陆器在一颗彗星的表面登陆。

"朱诺"号探测器上的乐高玩具

乐高玩具也去了木星！这3个玩具分别是天神朱庇特、他的妻子朱诺和科学家伽利略。它们搭乘美国国家航空航天局的"朱诺"号探测器去到了木星上。

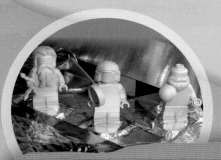

木星的南极

木星的南极是个非常美丽的地方，但你不会想住在那里。图中这些椭圆形的东西全部是威力巨大的旋风，其中最大的宽度可达到1000千米。美国国家航空航天局的"朱诺"号探测器发现了它们。

土星的光环

一头扎进土星的光环里会怎样？美国国家航空航天局的"卡西尼"号探测器就这样做了。土星的光环主要由大小不一的冰块组成，有如砂砾一般小的，也有和山一样大的。

摄像机
"好奇"号有17台摄像机，其中7台在它的"头部"。它们相当于"好奇"号的"眼睛"

科学仪器
"好奇"号携带的设备包括一个化学实验室，以及一个用于和地球上的团队通信的天线

"好奇"号的自拍照
在这张照片中，拿着相机的手臂已被删除。当"好奇"号自拍时，它会拍摄多张照片，然后这些照片被拼合成一幅自拍照

车轮
"好奇"号的车轮大而有力，有利于它在探索火星表面时保持稳定

火星上的探测器

无人探测器到达的最令人兴奋的地方之一就是火星。人们最早于20世纪70年代开始使用它们探索这个红色星球。当年，美国国家航空航天局发射了两个"海盗"号探测器，它们在火星地表进行了"软着陆"，即着陆时不会损坏探测器，并拍摄了彩色照片，向我们展示了火星的模样。

今天，火星是一个被探测器占据的星球。通过地球上的遥控，它们四处拍照并且进行实验。借助于火星轨道上的航天器，它们寻找水和过去的生命迹象，甚至可能今天仍然存在的简单生命形式的证据。火星上最著名的探测器是美国国家航空航天局的"好奇"号探测车，它从2012年开始在火星上漫游，研究火星上的土壤和岩石样本。

探测器将持续探索火星——直到我们准备好把人类送到那里……

火星大气与挥发物演化任务（MAVEN）

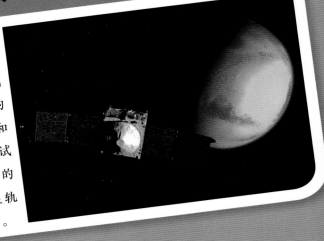

美国国家航空航天局的"火星大气与挥发物演化"探测器正在绕火星飞行。它发射于2013年，目的是了解更多关于火星大气和气候的历史，同时也在尝试查明火星是否能支持生命的繁衍。这张图片是绕火星轨道运行的航天器的想象图。

冥王星的早期照片
在"新视野"号探测器到达冥王星之前，这张模糊不清的冥王星照片是哈勃空间望远镜拍到的最清楚的一张

柯伊伯带
柯伊伯带是太阳系边缘的一个甜甜圈形状的区域。这块冰冷、黑暗的区域是上万亿个彗星、冰块和一些矮行星的家园

"新视野"号探测器
"新视野"号探测器接近木星时的想象图。图中的碟型天线是"新视野"号探测器和地球沟通的工具

"新视野"号

"新视野"号探测器到达了冥王星和柯伊伯带，为我们带来了爆炸性的消息。这场前往太阳系尽头的旅程让我们见识到了一个神奇的世界。

2006年，"新视野"号探测器发射升空。当时冥王星还是太阳系行星大家庭中的一员。几个月之后，冥王星的身份被重新定义，降级为矮行星。2015年，"新视野"号探测器航行了48亿千米后，到达了它的第一个目的地：冥王星。当时，冥王星已经被认定是一颗无聊的岩石球，但"新视野"号探测器却在冥王星上发现了很多令科学家们激动不已的信息。冥王星上有一块由固态氮气组成的巨大心形区域，现在这里被命名为"汤博区"。汤博区中的火山向外喷发的不是岩浆而是冰块，

冥王星的高清图片
多亏了"新视野"号探测器,我们现在终于可以看清冥王星的样子了。在这张彩色增强图像上,你能看到冥王星表面有一块心形区域,这块区域被称为汤博区

冥卫一
这张增强图像上显示的是冥王星最大的卫星冥卫一。一条长长的大峡谷贯穿了冥卫一的表面

蓝色大气层
离开冥王星时,"新视野"号探测器回头拍了这样一张照片。图上的这圈模糊的蓝光就是冥王星的大气层

它的上空有一层蓝色的大气层。"新视野"号探测器还传回了冥王星卫星的图片。

现在,"新视野"号探测器正在探索柯伊伯带。它还会继续向太阳系的边缘进发,好戏才刚刚开始……

"'新视野'号探测器将在未来大展神威。"

——"新视野号"项目负责人
艾伦·斯特恩

开普勒62f
开普勒62f比地球略大，处在其恒星的宜居带，这就意味着它和恒星的距离适中，表面可能有水，也可能孕育生命

捕 获 行 星

我们生活在探索太空的时代。我们已经知道，星空中那些闪闪发光的星星其实是一颗颗恒星，而这些恒星都有一颗或者多颗行星围绕着它们运转。围绕着其他恒星运转的行星被称为地外行星。地外行星一直只存在于人们的想象中，直到20世纪90年代，人们才真正确定了它们的存在。

现在我们知道，宇宙中还有很多像太阳这样的恒星，这些恒星也有围绕着它们运转的行星，所以宇宙中有无数个太阳系。我们甚至还发现了没有围绕恒星运转的行星，它们在宇宙中四处漫游，因此被称为星际行星。

有些地外行星是气态巨行星，其中有些甚至比木星还要大。有些行星上有水的存在。还有些行星是由钻石构成的！宇宙中有太多稀奇古怪的行星等待着我们去探索。

开普勒20e

开普勒20e和地球大小相似。不过它和自己的恒星靠得太近，以至于液态水在其表面无法存在

开普勒空望远镜

开普勒空望远镜是科学家们在寻找地外行星时使用的一种工具。地外行星在经过其恒星时会暂时挡住恒星的光芒，开普勒空望远镜就是通过观察恒星光线的略微变弱来发现地外行星的存在。

HD 219134 b

它的大小是地球的1.6倍。它可能是一颗岩石行星，其表面可能存在很多火山。它的公转周期仅有3天！

曾经，太空只是两大强国苏联和美国的舞台。现在，太空已成为地球上每个人的梦想舞台。

太空探索正在变成一项全球化的事业，每年，越来越多的国家加入太空探索的行列中。飞往太空不再是政府机构，例如美国国家航空航天局，或者筹划太空旅游的商业公司的专属特权，作为个人也可以参与其中。

我们探索太空的过程其实就像是克里斯托弗·哥伦布发现新大陆。1492年，哥伦布乘船到达美洲大陆。受到他的鼓舞，越来越多的欧洲人陆续前往美洲。同样，那些太空探索的开拓者，例如尤里·加加林和尼尔·阿姆斯特朗，也激励着后人向太空进发。

这些太空英雄为后人——无论是政府、企业还是个人——的航天事业打下了坚实的基础。

遍布全球的卫星
夜晚，当你仰望星空时，你可能看到的不是一颗星星，而是一颗卫星！天空中现在有2000多颗活跃的卫星，这个数量还在不断增长。图上标红的国家至少拥有一颗卫星

图例

□ 有卫星的国家

□ 没有卫星的国家

"太空船1"号
世界上第一艘商业宇宙飞船。"太空船1"号可容纳一人。它曾3次飞往太空

迈克·梅尔维尔
2004年6月21日，迈克·梅尔维尔搭乘"太空船1"号飞入太空，成为世界上首位商业宇航员

新时代的太空之旅

商业宇航员们
美国国家航空航天局的宇航员们现在可以搭乘美国私人公司的宇宙飞船前往国际空间站

印度的火星轨道探测器
2013年，印度发射了自己首个火星轨道探测器。这个探测器可以研究火星的大气层和其地表状况

伽利略卫星系统
欧洲空间局打造的伽利略全球导航系统由26颗卫星组成

尼日利亚的卫星
尼日利亚的卫星网络也在逐渐扩大。这些卫星被用于通信和为偏远地区提供网络服务

国际空间站里的
"机器人宇航员2号"
2011年，"机器人宇航员2号"成为第一个进入太空的人形机器人。一开始，"机器人宇航员2号"连腿都没有，后来懂得安装的宇航员将它的腿带上了空间站，给"机器人宇航员2号"装上了腿

机器人宇航员

和机器人握手是一种怎样的体验？让宇航员来告诉你吧！

这位是机器人宇航员。它是美国国家航空航天局设计制作的机器人帮手。"机器人宇航员2号"甚至还进入了太空，在国际空间站生活了一段时间。机器人宇航员是一种人形机器人，它们的外表和人类类似，可以帮助宇航员完成一些耗时的、重复性的事务（机器人不会觉得无聊），以及一些危险的任务。

机器人宇航员将会在未来的太空探索中扮演十分重要的角色。机器人宇航员可以在人类之前登陆某个星球，在上面准备工具、建造生活区、开展实验，为人类的到达做好

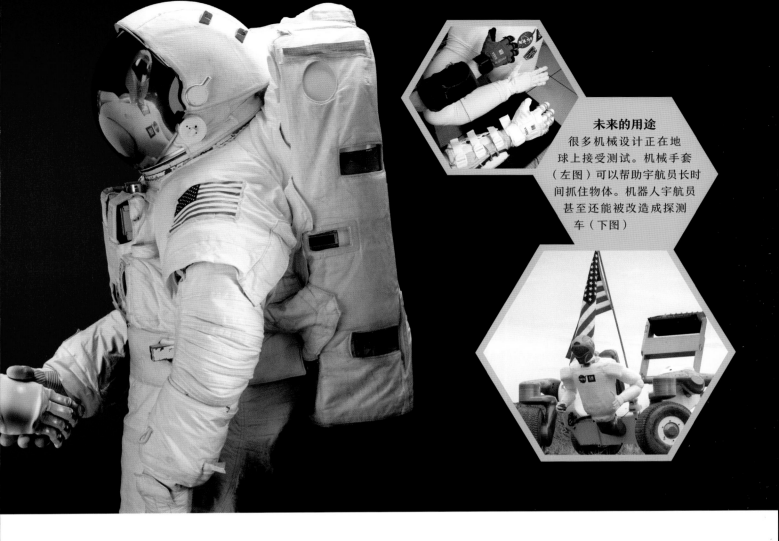

未来的用途

很多机械设计正在地球上接受测试。机械手套（左图）可以帮助宇航员长时间抓住物体。机器人宇航员甚至还能被改造成探测车（下图）

准备。机器人宇航员的双腿还可以被改造成轮子，这样它们就可以快速移动。

　　未来的宇航员们甚至会穿上机械服装，获得强大的机械能力。美国国家航空航天局已经研发出有助于太空行走的机械手套。未来，宇航员们有望穿上成套的机械服装，即外骨骼服装，来大大提升自己的灵活性和力量。这种机械服装不仅可以运用在太空中，还可以帮助那些无法走动的残疾人重新动起来。实际上，所有为太空探索研发的技术都可以用来改善我们的生活。

让我们一起认识下新一代的火箭吧！这些并不只是巨型火箭，它们是超级巨型火箭，是新一代火箭的部分代表。它们会帮助人类实现更伟大的太空探险。

"新格伦三级"运载火箭

蓝色起源公司（Blue Origin）的"新格伦三级"运载火箭高99米。蓝色起源公司将使用它帮助更多人访问太空

"德尔塔-4"号运载火箭

美国联合发射同盟生产的"德尔塔-4"号运载火箭的主要成就包括：在2018年发射了"派克"号太阳探测器。它高72米，性能可靠，动力强劲

"猎鹰重型"运载火箭

这座70米高的火箭就是美国太空探索技术公司（Space X）的"猎鹰重型"运载火箭。2018年，它将一辆汽车送上了太空，同时，在发射时为它提供额外动力的助推器，可以在返回地面时再次使用

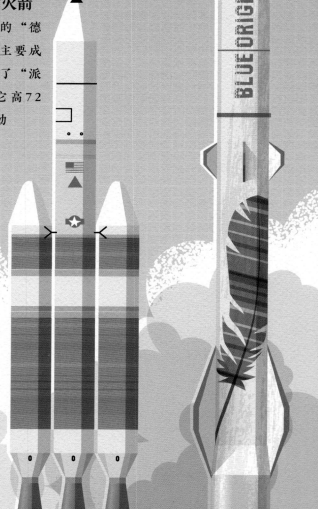

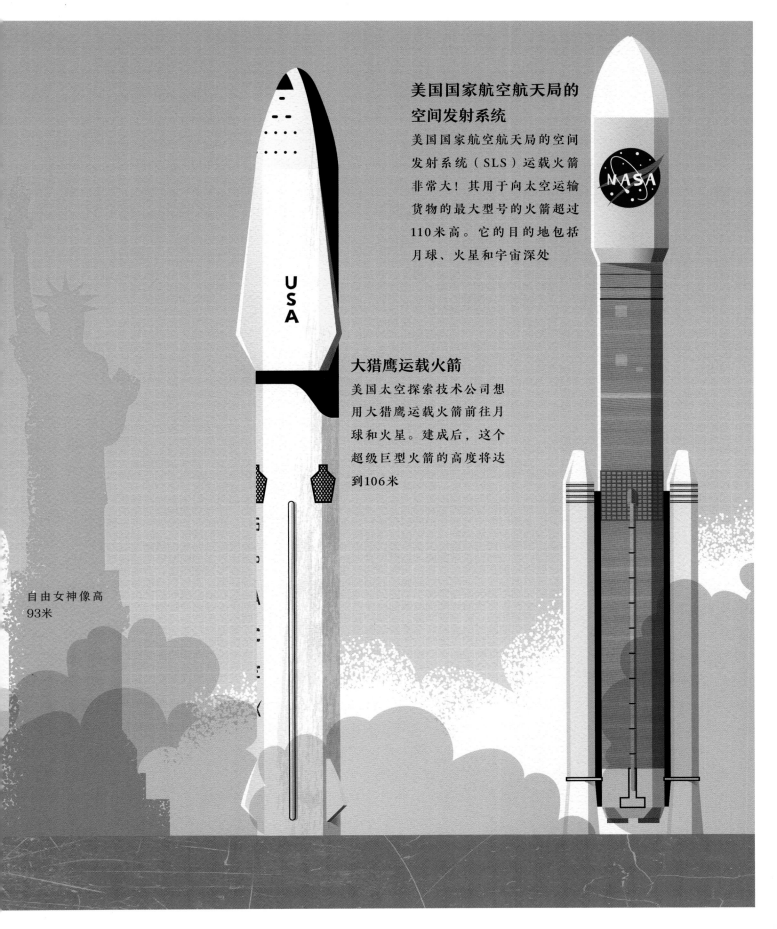

美国国家航空航天局的空间发射系统

美国国家航空航天局的空间发射系统（SLS）运载火箭非常大！其用于向太空运输货物的最大型号的火箭超过110米高。它的目的地包括月球、火星和宇宙深处

大猎鹰运载火箭

美国太空探索技术公司想用大猎鹰运载火箭前往月球和火星。建成后，这个超级巨型火箭的高度将达到106米

自由女神像高
93米

USA

降落回地球

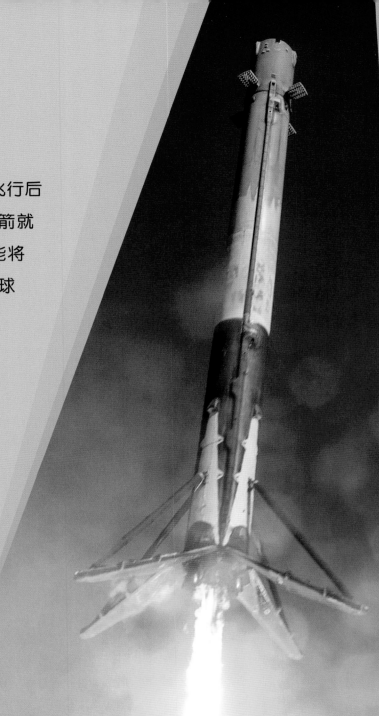

　　当你乘飞机旅行时，飞机不会在一次飞行后就被扔掉。然而在很长一段时间，太空火箭就是如此。现在，正在研制的新型火箭不仅能将卫星和送入轨道，还可以在之后降落回地球上的着陆架或者海上驳船。在一些任务中，由于火箭没有足够的剩余燃料，所以它们无法降落在着陆架上，只能降落在海上的驳船上。

　　未来的太空探索面临的最大障碍之一是成本。发射火箭，将人类和实验设备送入太空的成本非常高。

可重复使用的火箭
这张图看上去是一枚正在发射的火箭，但实际上，这是美国太空探索技术公司的"猎鹰9"号运载火箭在降落回地面

尽管航天飞机可重复使用，但是它的运营成本很高——平均每次任务耗费4.5亿美元。一些公司，像美国太空探索技术公司和蓝色起源公司，正在研制新型可重复使用的火箭，以降低太空旅行的成本和难度。这对那些想要踏足太空或在轨道上进行实验的人来说是个重大的好消息。

完美着陆

美国太空探索技术公司是正在完善火箭返回地球技术的公司之一。他们的"猎鹰9"号运载火箭必须从2.4千米/秒的速度开始减速，以确保能安全着陆。

工作原理

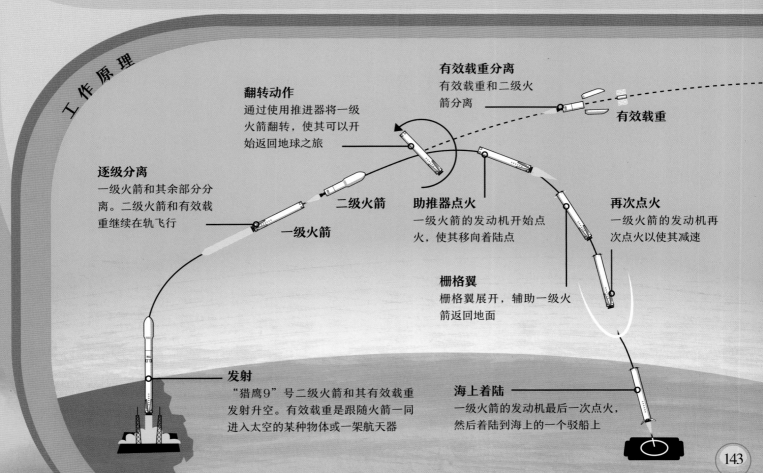

有效载重分离
有效载重和二级火箭分离

有效载重

翻转动作
通过使用推进器将一级火箭翻转，使其可以开始返回地球之旅

逐级分离
一级火箭和其余部分分离。二级火箭和有效载重继续在轨飞行

二级火箭

一级火箭

助推器点火
一级火箭的发动机开始点火，使其移向着陆点

再次点火
一级火箭的发动机再次点火以使其减速

栅格翼
栅格翼展开，辅助一级火箭返回地面

发射
"猎鹰9"号二级火箭和其有效载重发射升空。有效载重是跟随火箭一同进入太空的某种物体或一架航天器

海上着陆
一级火箭的发动机最后一次点火，然后着陆到海上的一个驳船上

马斯克 VS

伊隆·马斯克和杰夫·贝索斯是世界上的两大超级富豪。他们都对太空探索事业充满了热情，都在用自己的财富去改变我们探索太空的方式。

伊隆·马斯克认为，只有去探索太空，未来的人类社会才会变得更加振奋人心，所以他创立了美国太空探索技术公司（SpaceX）。美国太空探索技术公司和美国国家航空航天局展开合作，用自己的"龙"号飞船将物资和宇航员送到了国际空间站。

伊隆·马斯克并不满足于国际空间站的旅程，他将目光投向了火星。伊隆·马斯克希望能将人类送上

美国太空探索技术公司的汽车

2018年，伊隆·马斯克将自己的座驾送上了太空！汽车的驾驶座上放了一个穿着航天服、名为"星光侠"的人偶。这是美国太空探索技术公司"猎鹰重型"运载火箭的首航。这辆汽车是为了测试火箭的承重能力。

贝索斯

火星，最终移民火星。

杰夫·贝索斯的座右铭"*gradatim ferociter*"，是拉丁语"脚踏实地，奋勇前进"的意思。这也是他经营公司的理念。杰夫的太空公司蓝色起源就是这样一步一步去改善技术，最终让太空旅行变得更加经济实惠，让不论是宇航员还是未来的太空游客都能负担得起。

杰夫还希望在太空中开设工厂。这种工厂可以利用光能，而且还不会污染地球。他的梦想是让数百万人前往太空生活和工作。

马斯克和贝索斯的理念在某些地方有共通之处——他们将那些曾经看起来不可能实现的想法变为现实。他们共同创造出了新的太空时代。

蓝色起源公司的"新谢泼德"宇宙飞船

"新谢泼德"宇宙飞船以美国第一位进入太空的宇航员艾伦·谢泼德的名字命名，它是一艘可以循环使用的载人航天飞行器。"新谢泼德"宇宙飞船垂直发射和降落，未来它将会搭载游客前往太空。

太空垃圾

人类所到之处，都会留下垃圾。太空中也不例外。现在太空中共漂浮着50多万块太空垃圾，它们比一块大理石板还要大。这些垃圾中有使用过的火箭、卫星的碎片，甚至还有宇航员在太空行走时丢失的工具。

太空垃圾带来了很多问题，其中一个就是碰撞。随着轨道中太空垃圾数量的增加，它们碰撞的概率也增加了。两块垃圾相撞后破碎，会产生更多、更小的垃圾。

再小的太空垃圾都会引起大麻烦。它们以每小时28,000千米的速度在轨道中运行，一旦撞上国际空间站或者卫星，后果不堪设想。

随着太空探索的深入，清理太空垃圾变得越发刻不容缓。如果对太空垃圾置之不理，那未来的太空任务就会处于极大的危险之中。

落回地球

太空垃圾也会重返地球大气层。虽然大部分垃圾都会在这个过程中燃烧殆尽，但是也会有小部分幸存下来。图中是一枚掉落到美国得克萨斯州的火箭的燃料罐

如何在太空中做大扫除？

按照设定，现代卫星会在任务结束后掉落大气层烧毁，或者离开轨道，为其他卫星腾出位置。不过，老一代的卫星现在还留在轨道上。如何清理它们呢？科学家们想了很多主意。比如我们可以用网捕获它们，或者我们可以用鱼叉叉住它们，再将它们捞过来。它们最后将被送进大气层烧毁。

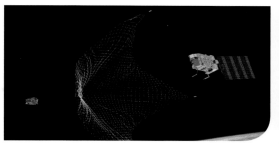

用网捕捉卫星

新兴航天大国

现在，全世界有能力将宇航员送往太空的国家只有三个：美国、俄罗斯和中国。中国自古以来就有很多人类前往太空的传说，例如嫦娥奔月。中国的火箭学和天文学也源远流长。到了21世纪初期，中国终于实现了载人航天的梦想。

中国航天员乘坐"神舟"号宇宙飞船进入了

2011年，中国长征二号F运载火箭准备发射

杨利伟

2003年，杨利伟搭乘神舟五号宇宙飞船进入太空，成为中国首位进入太空的航天员

刘洋

2012年，刘洋搭乘神舟九号宇宙飞船进入太空，成为中国首位进入太空的女性航天员

太空。神舟意为神圣的飞船。和美国、俄罗斯一样，中国在不同的航天任务中也采用了不同类型的火箭。

除了将航天员和卫星送入太空，中国国家航天局还将目光瞄准了月球。2007年，中国向月球轨道发射了嫦娥一号无人探测器。2013年，中国的"玉兔"号月球车登陆月球，对月球表面展开探测。

2019年，中国的航天事业再创历史。中国成为首个将探测器送到月球背面的国家。未来，中国还会发射更多的探测器去探索火星和太阳系边缘的气态行星。

天宫一号空间站

天宫一号是中国的首个太空空间站。它的大小和一辆校车差不多。天宫一号空间站从2011年一直运行到2018年，曾有两名中国航天员搭乘过。

重返月球

月球土壤可以盖住月球基地，以阻挡来自太阳的强烈辐射

欧洲空间局设计的月球村想象图。月球村将接替国际空间站，成为人类在太空中的新站点

在未来的某一天，当你抬头仰望夜空中的那轮明月时，你会发现上面有人在生活和工作。1972年，美国国家航空航天局的阿波罗探月计划结束时，没有人会想到，这一别竟如此之久。在那之后，我们的精力转向了学习如何在太空中生活，并取得了重大进展。现在宇航员们已经可以在绕地运行的国际空间站里生活和工作。这些年来的探索也为我们的宇航员——甚至是首个女性宇航员——重返月球积累了经验。这一次，我们将不再只是短暂拜访。我们会在月球上建立一个永久的基地。月球距离地球只有3天的路程，我们可以利用这段距离来测试航空技术，为人类前往其他行星做准备。

很多机构和公司加入到了这项事业中，共同探索，让其变为现实。

在月球上，宇航员们抬起头就能看到地球，就像我们在地球上看到月亮

宇航员身上的航天服和阿波罗登月宇航员穿过的类似，不过新型航天服会采用更加先进的技术

新型月球车

重返月球时，我们会需要一辆和阿波罗月球车类似的车。美国国家航空航天局正在为未来的宇航员和探险家们研究新型月球车。

未来，机器人会在月球上大显神威。这台由机器人操作的3D打印机可以帮助人们建设月球基地

"阿波罗11"号

"阿波罗12"号

"阿波罗14"号

"阿波罗15"号

"阿波罗16"号

"阿波罗17"号

月球车

仅限一人使用

月球博物馆

由于月球上没有天气的变化，宇航员们在月球登陆点留下的所有东西和痕迹都会永久地保留下来，包括他们在地面上留下的脚印。未来，这里会成为一个太空博物馆，人们可以到这里参观，以此来纪念"阿波罗"号为探索月球做出的巨大贡献。

151

太空生存指南

从地表到太空的距离约100千米，所以太空也没有你想象中那么遥不可及。不过如果我们想到太空里生活，还是会遇到很多困难。

在地球上的生活十分轻松惬意，所有的生活必需品都唾手可得。空气、食物、水……生病了可以去看医生，渴了拧开水龙头就有水喝，地球的大气层还能阻挡对人体有害的辐射。

但到了太空，我们就失去了地球的庇护。国际空间站中的物资——例如水、空气、燃料和食物——全都来源于地球。如果遇到紧急状况，国际空间站里的宇航员们可以迅速撤离。但是未来，如果我们想要更进一步探索太空，就必须学会自给自足。

1 食物和水

探索太空时，我们无法携带大量的食物，所以我们需要学会在微重力环境下种植植物。水的问题已经解决，国际空间站的宇航员已经喝上了自己的尿液循环利用后的纯净水。

3 保持健康

宇航员要带上医疗设备以防身体出现不适。飞船上最好能配备接受过专门训练的人员，可以在紧急事故发生时，为伤员或病人实施手术。

美国国家航空航天局计划中的从火星土壤中取水的想象图

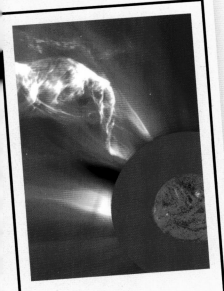

2 抵御辐射

太阳喷发出的带电粒子会威胁到太空旅行者们的健康。最好的解决方式之一是在飞船外面加一层"水墙"。塑料材质也可以起到额外的保护作用。

4 就地取材

在地球上我们会利用一切可以利用的资源，例如水和土壤。到了火星和月球，为了能生存下去，我们要学会就地取材。

5 孤独训练

在漫长的旅程中，宇航员们远离家乡，与外界完全隔离。为了提前适应这种孤独和隔离，宇航员们会到地球上的一些极端环境中锻炼自己，例如去南极。

6 太空中的家

未来，宇航员们会居住在弹出式房屋中。这种屋子占地面积小，易于被火箭携带，成本低，因此在旅途中可以多带几个。

7 可循环使用的火箭

可完全循环利用的火箭会降低未来太空旅行的成本和难度。未来，可能会有一个团队长期驻扎在地球轨道上，帮助宇航员进行更远的探索。

国际空间站上的毕格罗可扩展活动模块，是未来太空中的充气式居住舱的模板

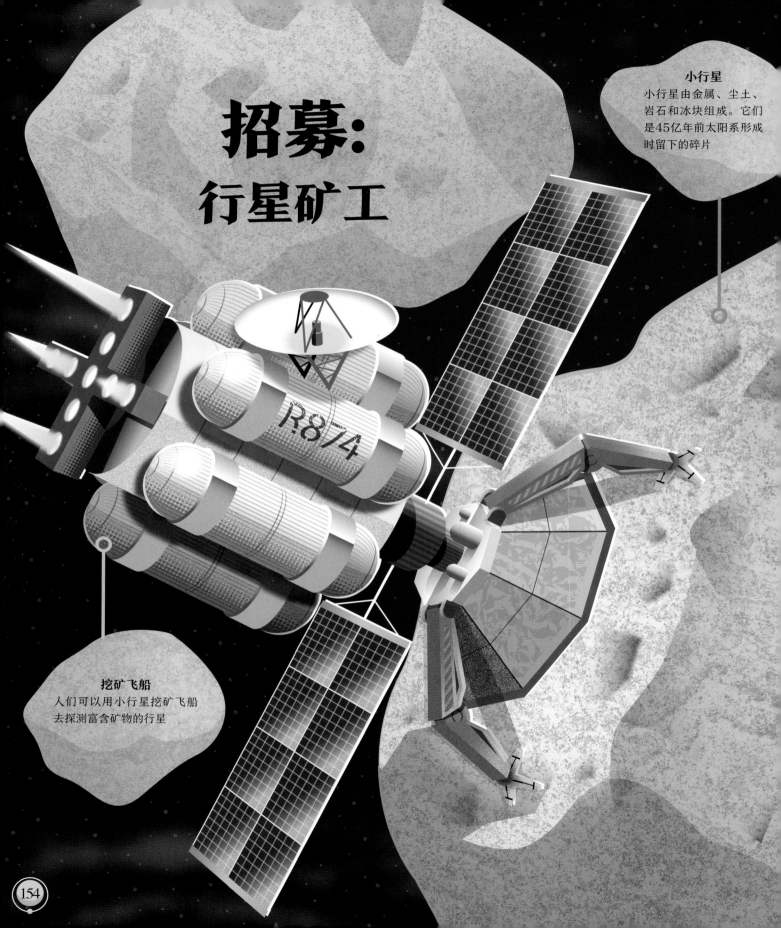

招募：
行星矿工

小行星
小行星由金属、尘土、岩石和冰块组成。它们是45亿年前太阳系形成时留下的碎片

R874

挖矿飞船
人们可以用小行星挖矿飞船去探测富含矿物的行星

近年来，科学家们一直都在想办法从太空中挖掘贵重金属。火星和木星之间有一个小行星带，那里聚集着太阳系大多数的小行星，数量有100多万颗。一些小行星上蕴藏着部分珍贵的矿石，例如金和铂。如果有人能跑到小行星上挖矿，他一定会成为亿万富翁。

当然，钱并不是我们去挖矿的主要目的。一些小行星，还有月球上都蕴含着固态的水冰。水由氧和氢组成，这两种元素对太空旅行者尤为重要，因为它们可以被转化成飞船的燃料。

未来，小行星和月球都会成为人类探索太空的燃料补充站。加完油后，飞船可以向太空更深处进发。

"尤利西斯"号

2017年，美国国家航空航天局发射了"尤利西斯"号探测器。"尤利西斯"号探测器到达了一个名为贝努的小行星，并从它的表面取了一块样本。通过研究这个样本，科学家们可以了解其组成情况。此次任务促进了太空矿业技术的发展，为未来太空采矿人提供了帮助。

太空假日

20世纪50年代太空竞赛刚刚开始的时候，人们就梦想着能去太空旅游。现在，这个梦想基本实现了，有些人已经踏上了前往国际空间站的旅程。

未来，还会有更多的人去太空旅游。在旅游公司的安排下，游客们会在太空中待上几小时，远眺地球，体验失重。不过一开始，太空旅游的费用会非常昂贵。

现在的太空旅游就和当年飞机商用一样。飞机刚开始载客的时候收费也十分昂贵。后来随着航空技术的发展，慢慢地，乘坐飞机就没那么贵了，越来越多的人飞上了天空。太空旅游也是一样，随着科学技术的发展，未来，人们也能前往太空，去其他星球度假。

开发中

世界之观

世界之观热气球将带你飞入太空，俯瞰地球。在缓慢下降的过程中，你可以一边享受美食，一边欣赏窗外的风景。

未来的目的地

木星

★★★ 3988条评价

地球不是唯一一个可以让你体验极光的星球。去木星吧，在木星上你能看到太阳系中最恢宏的极光秀。

蓝色起源

乘坐"新谢泼德"号宇宙飞船升至距离地球100多千米的高空。15分钟的失重体验会让你终生难忘。

维珍银河太空旅游公司

搭乘"太空船2"号宇宙飞船升入太空。"太空船2"号将被"白色骑士2"号飞机运到半空中,在那之后,它会点燃自己的火箭继续前往太空。

开普勒186f

★★★★★ 2654条评价

让我们走出太阳系,去开普勒186f上看看红色的草原!

土卫六

★★★★★ 2895条评价

在土星最大的卫星土卫六上,你能看到地球曾经的模样。

当人们向太阳系深处进发，前往新行星或卫星时，3D打印技术就派上了用场。利用身边的材料，科学家们可以用3D打印技术创造出很多东西。

将物资运送到太空是件很麻烦的事，所以宇航员必须自力更生，自己动手做出需要的物品，例如工具、实验材料和医疗箱。如果我们想在太空中走得更远，就必须学会制作物品。

从小物品到大建筑，最终，我们甚至可以在太空中建造城市。受重力影响，一些脆弱的东西在地球上很难做成，但人们可以在太空失重的环境下通过3D打印技术把它们做出来，再带回地球。

3D打印技术的原理

在地球上，人们通常使用塑料作为3D打印技术的原材料。塑料融化后从打印机的喷口中涌出，从底部到顶端，一层一层地将物体打印出来。我们在探索其他星球时也许会找到其他适合3D打印的材料。

3D打印技术做出来的猫头鹰

重力计

这块重力计是第一块由个体公司在太空中打印出来的物体。未来，还会有很多公司在太空中打印出更多像这样的小东西。重力计在失重时会漂浮起来，它们可以帮助宇航员判断何时开始进入失重环境

打印的工具

宇航员巴里·布奇·威尔莫在太空里弄丢了自己的扳手。他没有等别人从地球上给他再带一把，而是用国际空间站里的3D打印机做了一把

3D打印的扳手

巴里·布奇·威尔莫拿着自己用3D打印机做出来的扳手

159

未来的航天服

美国国家航空航天局

这套航天服被称为Z-2，是美国国家航空航天局为未来登陆火星设计出的新型航天服。它轻便且富有弹性，可以抵御火星上的恶劣环境。这套航天服的肩膀和腰部都可以调节，任何体型的人都能穿上

美国太空探索技术公司

这套轻便的航天服由美国太空探索技术公司设计。未来，登陆火星的宇航员可以穿着它在"龙"号飞船里活动，但不能穿着它在火星上活动

航天服将不可能变为了可能。穿上它，人们就可以离开飞船在太空中行走、登陆月球，甚至将来还会登陆其他星球。除此之外，如果飞船在发射和返回时遇到了紧急状况，航天服也可以为宇航员的生命保驾护航。

随着太空探索的深入，人们会飞往更多未知的地方，也会在太空中待更久，例如在月球上。因此，我们需要设计出功能

生物太空服

麻省理工学院的达瓦·纽曼教授设计了这套生物太空服。这套轻便贴身的航天服就好像是未来宇航员的第二层皮肤。宇航员穿着它可以自由活动

波音公司

宇航员克里斯·弗格森身上穿的是由波音公司设计的航天服。这是波音公司为其"星际线"载人飞船设计而成的。这件航天服重9千克，配有软头盔、面罩和触屏手套

防尘措施

月球上的尘土是阿波罗登月宇航员遇到的一个大问题。他们登月时穿的航天服几乎被尘土覆盖，不过好在用时最长的任务也只有几天。未来，人们再度登月时，一定要穿上防尘的航天服。

更为强大的航天服。

现在的航天服仍然很笨重臃肿，不过随着科技进步，航天服会变得更轻便、更合身。宇航员穿上之后可以在危险的外太空活动自如。

也许你还没有意识到，但我们生活中的方方面面都已经受到了太空的影响。虽然这可能和20世纪60年代时的设想并不一致，但我们确实已经进入了太空时代。无论是依托于卫星的先进科学技术，还是那些为太空探索而创造出来的事物，它们现在都已经融入了我们的生活。太空探索让我们的生活变得更加美好。

天气预报
卫星可用于监测天气。在它们的帮助下，人们可以更加准确地预测天气，加强对极端天气的监测，例如飓风

太空时代的地球生活

有限元分析软件
20世纪60年代，为了优化太空舱的设计和进行结构分析，美国国家航空航天局的工程师们研发了有限元分析软件。现在，这套软件被广泛应用于大型结构的测试。例如飞机、核反应堆和过山车

消防员的防火服
美国国家航空航天局为航天服研发的防火材料现在已经被运用在消防员的防火服上，消防员在灭火时的生命安全得到了保障

GPS导航系统
手机上的导航系统会按照卫星提供的路线为你导航。实际上，智能手机和卫星之间一直保持着信号的传输

眼镜和数码相机
美国国家航空航天局研发了耐划的滤光镜片，并且提出了数码相机这一概念。1965年，美国国家航空航天局的工程师弗雷德里克·比林斯利首次使用了"像素"一词

医疗业
国际空间站的机械自动化操作也对地球上的医疗业产生了影响。现在，很多复杂的手术中都用到了机械化操作

农业
农业和食品也从太空科技中受益匪浅。卫星图像帮助农民更好地了解庄稼的长势，同时监控疾病和灾害

为什么是火星？

　　火星是人们探索太空的下一个重大目标。这颗星球可能也曾温暖湿润过，为什么它会变成现在这副模样？关于火星，我们有太多太多的疑问。火星上是否还存在简单的生命？如果火星上曾经有过生命，那么它们现在又去了哪里？几个世纪以来，我们提出了很多有价值的问题，为了找到答案，我们需要更多的证据。

　　尽管火星探测器给我们提供了更多的信息，但它们仍然无法取代人类的实地勘测。如果我们想要知道火星上是否存在生命，最好的方法就是亲自前往，实地考察。我们前往火星并不仅仅是为了寻找生命，通过对火星地理

火星的大小

　　火星比地球小。和地球一样，它也有四季的变化。火星上的一年（即行星绕太阳公转一周所需要的时间）比地球要长得多，因为火星离太阳更远。不过火星上的一天（行星自转一周的时间）和地球上的一天差不多。

南极
2018年，欧洲空间局的"火星快车"号探测器在火星南极的地下发现了液态水

北极

和地球一样，火星也有两极。两极被冰雪覆盖

火星表面

火星表面上到处都是峡谷和干涸的河床。太阳系中最大的火山奥林帕斯山就位于火星。有时火星表面会刮起猛烈的沙尘暴，人们在地球上用望远镜就能看到这些巨大的沙团。火星有大气层，但是和地球的大气层相比，实在太过稀薄，所以火星上没有可以供人呼吸的空气

奥林帕斯山

火星的两颗卫星

火星有两颗卫星：火卫一和火卫二。但是它们和我们的月球完全不一样，不仅体积小，而且形状怪异。也许它们只是两颗被火星引力捕获的小行星

火卫一

火卫二

环境的了解，我们还可以更好地了解地球和太阳系中其他的星球。

好奇心是驱使我们前往火星的主要原因之一。在人类历史的长河中，我们去过最远的地方是月球，距离地球约385,000千米。登陆火星意味着我们将在太阳系内走得更远。

登陆火星绝非易事。我们会面临很多难题，例如太阳的辐射和长时间的失重，都会对人的身体带来损伤。现在，包括美国国家航空航天局在内的政府机构和一些民间组织正在开展研究，希望能克服困难，将人类送上这颗红色星球。

登陆火星时地球的位置

地球

火星轨道

地球轨道

1

离开地球

宇航员告别亲人和朋友，乘坐一艘小型飞船离开地球，在轨道上和一艘大型飞船对接

2

漫长的旅程

随着旅程的继续，地球和月亮逐渐远去，慢慢变成了几乎不可见的两个小点。宇航员们不会觉得无聊，他们可忙了。调试飞船、锻炼身体，抽空还能看个电影

地球

火星之旅

　　按照现有的航空技术，我们要花上6个月才能到达火星。即使在最靠近地球的位置，火星距离地球也有54,000,000千米。在前往火星的路上，火星和地球的相对位置又会发生改变，因为它们都在围绕太阳运转，所以我们并不能保证飞船的路径就是最短路径。

4 登陆火星

到达火星时，宇航员可能会乘坐一艘小型飞船登陆火星表面

火星

太阳

3
和地面控制中心联系

宇航员离地球越远，和地球通信时的延迟就会越长，所以他们不会使用无线电通信，而是将录好的视频信息发回地球

飞船发射时
火星的位置

火星

着陆

在火星表面着陆是件十分困难的事，比在月球或者地球表面困难得多。火星有一层薄薄的大气层，因此飞船在下降时就很难减速。以下是人们想象出来的飞船（美国太空探索技术公司的"龙"号宇宙飞船）登陆火星时的场景。

美国太空探索技术公司的"龙"号宇宙飞船正在登陆火星

成功着陆后的"龙"号宇宙飞船

人类在火星

如果你前往火星，会是一番怎样的场景呢？不妨来畅想一下吧。你踏上了前往火星的旅程，地球在你的身后渐渐远去，慢慢变成一个几乎看不见的小点。6个月过去了，你终于即将抵达终点，火星的红色地表出现在你的视野里。你成为地球有史以来走得最远的人。

飞船穿过火星稀薄的大气层，在降落伞的作用下，放缓了速度。然后飞船上的火箭启动，你终于平安到达火星表面。你要花上几天才能适应火星上的低重力环境，这里的重力只有地球上的三分之一。准备好了吗？穿上航天服，打开舱门，就这样，你踏上另一颗星球的土地。

就像尼尔·阿姆斯特朗和巴兹·奥尔德林登月时一样，在你踏上火星的那一刻，地球上也有上百万的人在电视里看着你。你成为登陆火星的第一人，在火星上，你的第一句话会是什么呢？

火星上的日落
火星的天空是粉红色的，但是落日却是蓝色的。这张照片由"好奇"号火星探测器拍摄。终有一天，人类会亲眼看到火星上的日落

火星上的生活

总有一天，人类将会在火星上工作和生活。不过不像去月球，我们不仅会在火星上留下脚印和国旗，还会有更多要做的事。

我们的目标是在火星上建立永久基地。这个基地是我们在其他星球上建立的第一个前哨站，它将会成为我们继续探索太空的中转站，帮助我们前往更多的星球。也让我们在成为多星球物种上更近一步。

在地球上，我们去新大陆定居时，都会利用当地的资源。火星探索也是一样。要想在火星上生存下去，我们也要就地取材。这个过程被称为就地资源利用。水冰是火星上最重要的资源之一。它们可以被当作燃料，甚至是建造房屋的材料。水冰还可以阻挡可怕的太空辐射。好消息是，这项技术已经被研发出来了！

在火星上耕种

　　农业在太空探索中扮演着十分重要的角色。要想在火星上生存，宇航员首先要学会种庄稼。农作物不仅可以给人类提供食物，还能改善火星基地的环境。因为植物可以将二氧化碳转化成人类所需要的氧气。

火星上的冰屋

这座圆顶冰屋由美国国家航空航天局设计。它的内部为可充气式空间，外部覆盖着一层冰块。按照计划，这座冰屋会在宇航员到达火星之前由机器人建造完成

隔离层

冰屋的外层墙体内充满了二氧化碳，这层由二氧化碳组成的隔离层将会起到控制室内温度的作用，以抵御火星上的极端天气。二氧化碳是火星上本来就有的资源，就地取材，十分方便

我们是唯一吗？

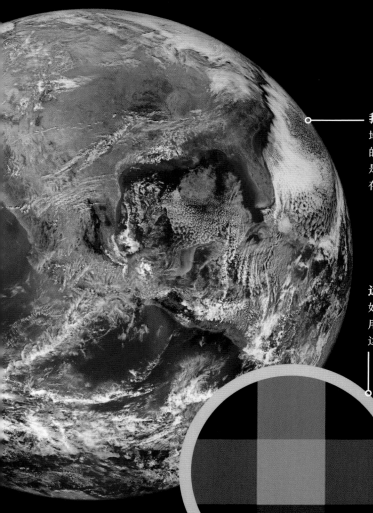

我们的地球
地球是独一无二的存在，因为它是我们已知唯一存在生命的星球

远方
如果外星人在遥远的外太空用一个超级望远镜看地球，这就是它会看到的画面

能量
万物生长靠太阳，此言不虚。没有太阳提供的能量，就没有地球上的世间万物

原料
地球上到处都是生命所需的原料。你脚下的土壤中就有很多

土卫二
土卫二是土星的一颗卫星。它的表面覆盖着厚厚的冰层，但是科学家们相信冰层的下面存在液态海洋

木卫二
木卫二是木星的卫星。有证据显示，在其表面的冰层下隐藏着液态海洋

研究地球
宇宙如此广袤，我们可以去很多地方寻找生命。在充分了解地球之后——包括那些有生命存在的极端环境，例如深海——我们也可以更好地锁定搜寻目标。

生命必备的要素

生命的萌发需要三种基本要素：能量、液态水和原料，例如氧、氮和碳。科学家们在寻找地外生命的时候，其实就是在寻找这三要素。

水
液态水对于生命至关重要。生命所需要的元素可以在液态水中发生一系列重要的变化

太阳系内的生命

即使现在我们在火星上还没有发现生命，但这并不意味着太阳系中的其他地方就没有生命。现在科学家们将目光投向了太阳系中的卫星。

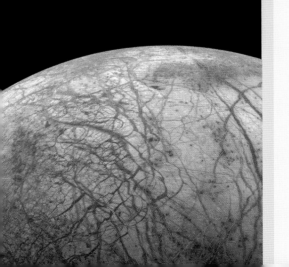

我们是宇宙中的唯一吗？这是一个大问题，但现在我们还没法给出一个确切答案。现在，地球是唯一已知有生命存在的星球。我们还没有发现外星人，外星人应该也还没有发现我们！

我们确实很难相信，生命只存在于地球上，因为生命是如此顽强。我们在地球上的很多极端环境下，都发现了生命的踪迹。而宇宙又是如此广袤。不过在我们发现外星生命之前——或者在外星生命发现我们之前——我们仍然无法给出定论。

我们的太阳系中的其他地方就有可能存在生命。为什么生命不能在同一个地方萌发两次呢？就更别说宇宙中的其他地方了。在如此浩瀚的宇宙中，一切皆有可能。

"21世纪内，我们会发射载人和无人飞船，去探索太阳系中的卫星和行星。"

——科学家吉尔·塔特在搜寻地外文明计划（SETI）大会上的发言

科幻与现实

电子写字板
20世纪60年代的电视剧《星际迷航》讲述了人们未来探索太空的故事，里面出现了一种电子写字板

科幻

机械手臂
１９６８年科幻电影《2001太空漫游》上映。电影中的宇宙飞船上出现了机械手臂

科幻

平板电脑
平板电脑现在已经十分普及。这种便携式电脑可以用于上网、收发邮件和玩游戏

现实

机械手臂
机械手臂最初于1981年在太空中投入使用。现在国际空间站上还有一个正常使用的机械手臂：加拿大臂2号

现实

　　人们总是在幻想未来。在那些稀奇古怪的想法中，有些已经变成现实。所以科幻小说其实可以改名为科学预测，因为科幻小说中的很多东西都已经出现在我们的生活中。

　　科幻作家、科学家和艺术家都会思考一些从未发生过的事情。虽然现在看来他们的想法有些不可思议，但这并不意味着未来这些事情不会发生。

　　历史上有过多少在当时不被理解甚至

直升机
15世纪末，意大利艺术家、科学家列奥纳多·达·芬奇提出了直升机这个概念

科幻

电视
人们一开始使用的电视又大又重。不过动画片《杰森一家》中出现了一种扁平的电视

科幻

机器人
动画片《杰森一家》于1962年首播，讲述了人们未来太空时代的生活。杰森家里有一个会打扫卫生的机器人

现实

直升机
1907年，第一驾直升机在天空中只飞行了1分钟。现在，直升机已经在全世界得到了广泛运用

现实

平板电视
现在，平板电视已经走进了千家万户。和之前笨重的电视相比，它们的画质更加清晰

机器人
有了扫地机器人，打扫卫生是不是变得更加轻松了？它们在屋子里转来转去，把家里扫得干干净净

现实

遭到嘲笑的想法？500年前，谁会想到居然还有直升机和机器人这样的东西？但现在它们确实变成了现实。

科幻变成现实的过程并不总是如人们所料，但这也正是其激动人心之处！

太空时代的工作

想要为太空探索尽一份力？想要成为太空时代的一分子？你不必非要去做宇航员。地球上也有很多人参与其中，他们尽心尽责，为各项太空任务提供了保障和支持。

随着太空探索的深入，各种各样的新工作也会出现。我们需要工程师去制作太空机器人，我们需要旅行社的人来安排太空旅程，我们还需要医生去照顾太空中的旅行者。

前往太空的人也会发生变化，我们需要那些善于建造和耕种的人。不仅如此，他们要善于沟通和合作，才能顺利完成各项任务。

我们需要你！

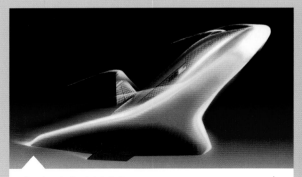

宇宙飞船设计师

想象一下，如果那些飞往月球、火星甚至是小行星的宇宙飞船都是由你设计的，那该是件多么光荣的事情啊。现在，工程师们已经设计出了载人宇宙飞船和无人宇宙飞船。不过，随着我们探索的深入，还需要更多技艺精湛的工程师和设计师。他们要设计出更加先进的飞船，迎接新的挑战。

老师

在我们成长的过程中，老师扮演了极其重要的角色。每一位宇航员都曾受到过老师的鼓舞和激励。现在，国际空间站上的宇航员们也正在和地面上的老师合作，向孩子们展示太空探索的魅力。如果我们想要将这项事业继续下去，那我们就一定要将太空的知识以及科学、科技、工程和数学的知识传递下去。也许在将来的某一天，我们会在火星和月球的轨道上，甚至是火星表面上上课。

找工作

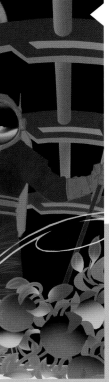

农民

　　未来的宇航员，尤其是那些需要进行长距离飞行的宇航员，不能只依靠飞船上携带的物资。他们还要精通种植技能。他们尤其要学会如何在极端环境下——比如火星的微重力环境——种植农作物。

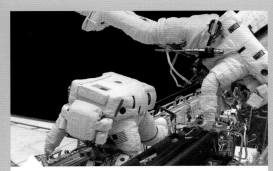

建造师

　　现在的宇航员其实拥有一定的建造技能。他们在建造或者修理空间站的时候要在太空中行走。未来，人们如果要在月球和火星建造基地，还会需要一批技艺精湛的建造师。

采访维珍银河公司的试飞员

凯莉·拉蒂默（中间）

姓名：凯莉·拉蒂默　　职业：维珍银河公司的试飞员

问：你是怎样得到这份工作的？
答：我曾经先后在美国国家航空航天局和波音航空公司担任过试飞员。我曾驾驶过不同类型的飞机，积累了大量的飞行经验。我想，这应该就是维珍银河公司录用我的原因。

问：你的工作有趣吗？
答：当然，我可以经常去太空啊。

问：如果我也想获得这样一份工作，该怎么做呢？
答：首先，你一定要好好学习，尤其是数学和科学。还要去驾驶不同种类的飞机，积累飞行经验。

问：对于未来的太空旅游业，你有什么看法吗？
答：现在，太空旅游业还是一种设想，我们正在努力让它成为现实。希望未来的太空旅游可以更加普及，同时带动太空探索的发展。

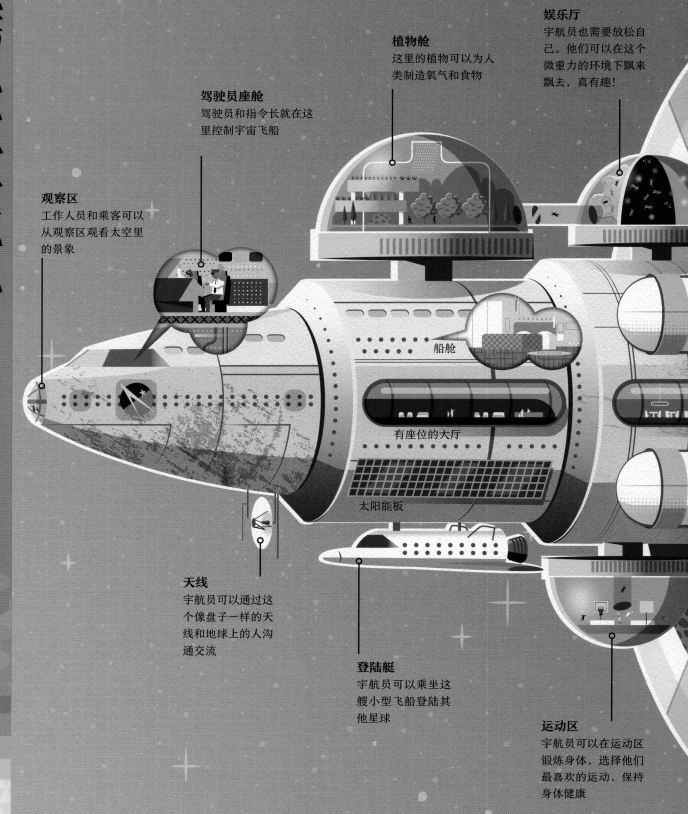

未来的宇宙飞船

观察区
工作人员和乘客可以从观察区观看太空里的景象

驾驶员座舱
驾驶员和指令长就在这里控制宇宙飞船

植物舱
这里的植物可以为人类制造氧气和食物

娱乐厅
宇航员也需要放松自己。他们可以在这个微重力的环境下飘来飘去，真有趣！

船舱

有座位的大厅

太阳能板

天线
宇航员可以通过这个像盘子一样的天线和地球上的人沟通交流

登陆艇
宇航员可以乘坐这艘小型飞船登陆其他星球

运动区
宇航员可以在运动区锻炼身体，选择他们最喜欢的运动，保持身体健康

旋转引力环
在太空中,一个大大的旋转轮可以产生引力,模拟地球上的引力环境。沃纳·冯·布劳恩和其他科学家都提到过这个想法

火箭推进器
在火箭推进器的推动下,宇宙飞船可以以超级快的速度在宇宙中遨游

燃料罐

餐厅

观察区

这艘宇宙飞船并不真实存在,它只是人们想象出来的样子。要想在太空中走得更远,我们不仅需要先进的科学技术,也需要丰富的想象力,这样我们才会有更多新想法,才能解决更多棘手的问题。如果让你来设计一艘宇宙飞船,它会长什么样子呢?

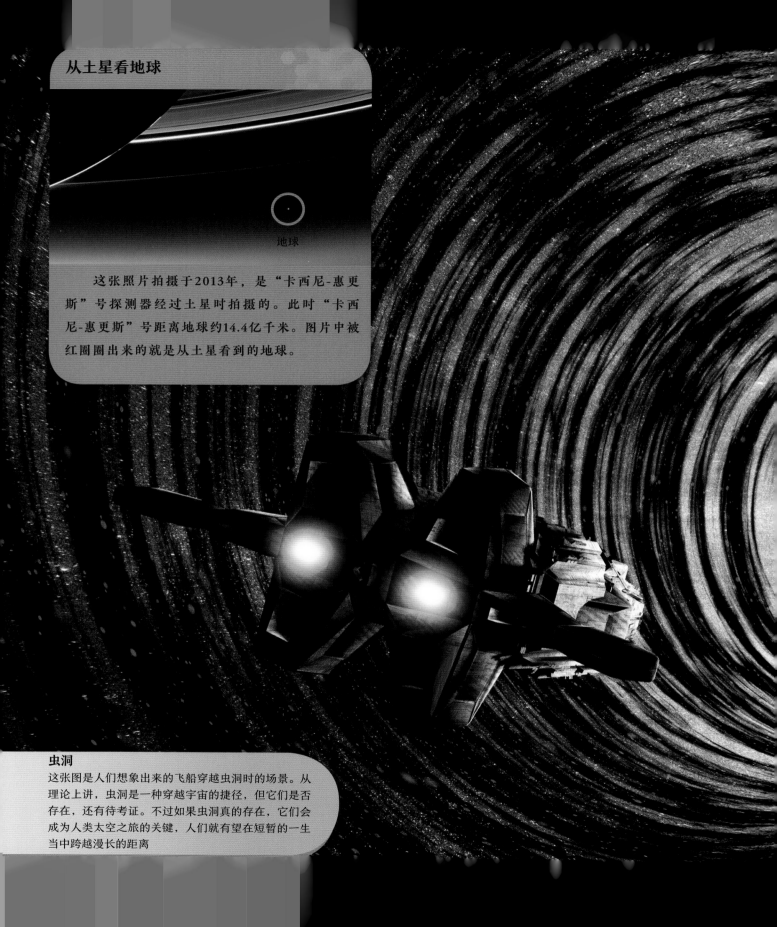

从土星看地球

地球

这张照片拍摄于2013年，是"卡西尼-惠更斯"号探测器经过土星时拍摄的。此时"卡西尼-惠更斯"号距离地球约14.4亿千米。图片中被红圈圈出来的就是从土星看到的地球。

虫洞

这张图是人们想象出来的飞船穿越虫洞时的场景。从理论上讲，虫洞是一种穿越宇宙的捷径，但它们是否存在，还有待考证。不过如果虫洞真的存在，它们会成为人类太空之旅的关键，人们就有望在短暂的一生当中跨越漫长的距离

太空之旅

浩瀚无垠的宇宙中有太多的未解之谜正等待着我们去发掘和探索。地球只不过是一颗小小的行星，它围绕着的太阳也只不过是银河系中再普通不过的一颗恒星。我们的太阳系就缩在银河系的一角。而像银河系这样的星系在宇宙中至少有数十亿个。

终有一天，人类会登上宇宙飞船，畅游太阳系。透过窗口，你可以看到各种壮观的景象：巨大无比的木星、冰天雪地的冥王星、匆匆飞过的彗星……回首遥望，地球也变成夜空中的一颗星星。虽然现在这些场景还只存在于我们的想象中，但并非绝无实现的可能。

最终人类可能会离开太阳系，向太空深处进发，为此我们必须要研发新技术，让我们的宇宙飞船飞得更快，这样我们才能到达其他星球。未来可期，太空之旅这才刚刚启程。

关爱"地球"号宇宙飞船

不论我们最终前往何方，地球永远都是我们的家园。

不过转念一想，地球不就像是一艘特大号的宇宙飞船吗？地球上的70多亿人类和其他生物都是"地球"号宇宙飞船上的乘客。

随着太空探索的深入，我们也越来越了解我们的地球。我们向太空发射了卫星，卫星传回来的数据显示，地球上的气候正在发生变化，当然，这可不是什么好事。由于森林砍伐和环境污染，地球的大气层中聚集起了很多有害气体，导致地球的温度正在不断升高。

对人类来说，太空探索是我们最重要的使命。在这场走向太空的探险中，我们对地球家园的了解也会变得越发深刻。也许有一天，我们会搬到别的星球上居住。但不管怎样，地球将会是我们永远的家园。我们必须照顾好我们的"地球"号宇宙飞船。

不可思议的星球

在太空中，我们可以真切地感受到地球的魅力。图中展示的是从太空拍摄到的美国阿拉斯加哈巴德冰川

地球的大气层

我们的星球是一块蓝色的绿洲。它美丽而脆弱，孕育了生命。宇航员们在太空中可以看到地球的大气层，就是图上那条蓝色的细线。大气层不仅提供了人类所需要的氧气，还将宇宙中的有害射线遮挡在外。

纵观历史，人们取得了很多惊人的成就。那些曾被认为是不可能的事情正不断成为现实。一个世纪以前，飞行还只是人们的梦想。但后来，先后有12个人登上了月球。现在，飞机已经成为人们日常出行的交通工具之一。对那些2000年11月以后出生的人来说，宇航员们可以在太空中生活和工作也变成理所当然的事。

科技的发展日新月异，推动了我们对太空的探索。宇宙正等待着你去发现。宇宙中的事物千奇百怪，等你真正去亲身体验的时候，你会发现宇宙里没有最怪，只有更怪。

在接下来的时间里你会看到，人类重返月球，登陆火星。也许那个登陆火星的人就和你们一样，此时此刻还在上学。

尤金·塞尔南，最后一个在月球表面行走过的人曾说过："梦想无极限，努力去实现。我都登上月球了，你还有什么做不到的吗？"

未来可期，未完待续……

火星上的脚印
想象图展现了人类登上火星时的
场景：人类留在火星表面上的一
个脚印

词汇表

气闸室
　　小型的密闭房间，宇航员可以在那里进入或离开宇宙飞船或空间站

人工
　　由人类创造出来的

小行星
　　环绕太阳运动的岩石体

宇航员
　　人类太空旅行者

大气层
　　环绕行星的一层气体

助推器
　　与大型火箭相连的小型火箭，在发射过程中产生额外的能量

彗星
　　由冰和尘土组成的星体，靠近太阳时会产生一条彗尾

指令/服务舱
　　"阿波罗"号飞船的船员舱，宇航员从地球到月球的旅程中生活和工作的地方

全体船员
　　在宇宙飞船上工作的一群人

对接
　　一个飞船与另一个飞船或空间站在太空中连接

矮行星
　　绕太阳运行的星体，但体积太小，难以被称为行星

ESA
　　欧洲空间局

地外行星
　　围绕太阳以外的恒星运动的行星

星系
　　巨大的恒星、尘埃和气体在重力的作用下形成的聚集体

引力
　　把物体拉向彼此的力

柯伊伯带
　　海王星以外的冰和岩石环

实验室
　　做科学实验的地方

发射
　　利用火箭将某物送入太空的过程

月球的
　　与月亮有关的词

登月舱
　　阿波罗飞船的一部分，着陆在月球上

陨石
　　落在行星或卫星表面上的一块岩石、金属或冰

微重力
　　重力存在但效果很小。微重力导致物体在太空中失重

银河系
　　我们生活的星系

舱体
　　空间站的一部分，能和其他部分连接

卫星
　　绕行星或小行星运行的物体

NASA
　　美国国家航空航天局

星云

    太空中的尘埃和气体形成的云，是恒星诞生的地方

轨道

    一个对象受到重力的牵引围绕另一个对象运动的轨迹——例如，月球绕地球运动

有效载荷

    用火箭运载进太空的货物。它可能包括补给、航天器或卫星

行星

    绕恒星运动的大型球形天体

探测器

    用于研究太空中的物体并发送信息回到地球的无人航天器

辐射

    有害的能量射线

红色星球

    火星的绰号，因它看似生锈的红色土壤而得名

交会

    在约定的时间和地点会面

火箭

    能将自己推送入太空的机器

探测车

    在月球或其他行星上行驶的车

卫星

    围绕另一个较大物体运动的物体

模拟

    对可能遇到的情况进行可控的测试——例如，在月球上做实验

太阳的

    与太阳有关的词

太阳系

    太阳和围绕它运动的一切

空间站

    宇航员生活和工作的大型宇宙飞船

航天器

    在太空中航行的运载工具

航天服

    为了在太空中保护宇航员而特殊设计的密封衣物

太空行走

    太空中的宇航员在飞船外移动，通常是为了维修或测试设备

恒星

    巨大的发光的气状球体，如太阳

望远镜

    用来观察遥远物体的工具

试飞员

    驾驶飞机测试其工作性能的飞行员

系绳

    太空行走时，将宇航员连接到飞船的绳子

宇宙

    太空和里面的一切

虫洞

    太空中理论上存在的隧道，可以连接相隔很远的两个时空

作者简介&致谢

作为一名有着天体物理学教育背景的英国媒体人，萨拉·克鲁达斯专注于对太空的报道和写作。她是英国电视节目上的常客，并用自己的文字和演讲呼吁大家重视太空探索。萨拉一直坚信，太空探索是人类历史上最重要的一件事。她希望能激励一代又一代的科学家、工程师和宇航员投身到这项伟大的事业中去。

伟大的事业离不开给力的团队。萨拉十分感谢DK的工作人员，正是在他们的帮助下，这本书才得以问世。尤其感谢萨姆·普里迪、露西·西姆斯和凯蒂·劳伦斯，谢谢你们的耐心和认真。还有萨拉，谢谢你对这本书的信心。谢谢所有接受本书采访的人。还有来自太空讲座的朱莉、安德鲁·麦克德莫特，还有埃米莉·霍姆斯、凯蒂·施米尔以及所有给予本书帮助和支持的人们。

谨以此书献给所有为太空探索做出贡献的人，我们的未来就掌握在你们手中。

多林金斯德利由衷地感谢杰尔琳·考尔提供高清图片；感谢卡罗琳·亨特校对；感谢海伦·彼得斯为本书整理索引。《最后一个登陆月球的人》（*The Last Man on the Moon*）。

书中p32-33引文出自约翰·F.肯尼迪于1962年9月12日在赖斯大学体育馆发表的演讲；p90-91和p184-185尤金·塞尔南的话引用自马克·斯图尔特制作公司出品的电影《最后一个登陆月球的人》。

本书出版商由衷地感谢以下名单中的人员提供照片使用权：

（缩写说明：a=上方；b=下方/底部；c=中间；f=底图；l=左侧；r=右侧；t=顶端）

6 Alamy Stock Photo: NG Images (cl). NASA: JSC (cla, bl); KSC (tl). 8-9 NASA. 12-13 NASA: JPL-Caltech (bc). 13 NASA: ESA. 16 Alamy Stock Photo: D Hale-Sutton (tl). Getty Images: thipjang (cla). 16-17 Alamy Stock Photo: Science History Images (tc). 17 Alamy Stock Photo: Granger Historical Picture Archive (tc); Historic Collection (cl); Moviestore collection Ltd (bc); World History Archive (tr). 19 Alamy Stock Photo: Chronicle (cl); Granger Historical Picture Archive (tl); Science History Images (tr). 20 Alamy Stock Photo: Granger Historical Picture Archive (tc). Getty Images: SVF2 (cra). NASA: MSFC (cr). 21 Getty Images: Hulton Archive (bc); ullstein bild Dtl. (tl); Topical Press Agency / Stringer (clb). 26 Alamy Stock Photo: ITAR-TASS News Agency (t). Getty Images: Sovfoto / UIG (cr). 22 NASA: MSFC. 23 Science Photo Library: Sputnik. 24 Alamy Stock Photo: Granger Historical Picture Archive (r); Space prime (bc). 28-29 NASA. 30 Alamy Stock Photo: Chronicle (tc). Getty Images: Bettmann (br); Bill Bridges / The LIFE Images Collection (bl). 26 Alamy Stock Photo: ITAR-TASS News Agency (cra, cr); Sputnik (br). 38-39 Science Photo Library: Sputnik (r). 31 akg-images: Sputnik (tr). NASA: MSFC (ca). 22 NASA: MSFC. 23 Science Photo Library: Sputnik. 24 Alamy Stock Photo: Granger Historical Picture Archive (r). 35 Alamy Stock Photo: ITAR-TASS News Agency (cra, cr); Sputnik (br). 38 Getty Images: Bettmann (tc/Jerrie MSFC). 32 Getty Images: Bob Gomel / The LIFE Images Collection. 34-35 Getty Images: Sovfoto / UIG (cr). 35 Alamy Stock Photo: ITAR-TASS News Agency (clb). 43 Courtesy of the International Women's Air & Space Museum , Cleveland, Ohio: (l). Getty Images: Bettmann (tc/Jerrie Cobb); Thomas D. Mcavoy / The LIFE Images Collection (tl, cb); Donald Uhrbrock / The LIFE Images Collection (br). NASA: (clb). 43 Courtesy of the International Women's Air & Space Museum: (cla, bc); Nat Farbman / The LIFE Picture Collection (cla); Don Cravens / The LIFE Images Collection (ca/Mary Wallace Funk, clb); Time Life Pictures (cra); The Denver Post (cl, bl). NASA: (tc). 44 Alamy Stock Photo: Trinity Mirror / Mirrorpix (c); Old Visuals (tr/Unisphere). Dorling Kindersley: Museum of Design in Plastics, Bournemouth Arts University, UK (bl). Smithsonian National Air and Space Museum: NASM 9A14823 (bc). 45 Alamy Stock Photo: Langley Research Center (tc); (cl, cr, bc). 47 NASA: JSC (bl, br, tl, tr); Bob Nye / NASA Langley Research Center (c). 48 Dreamstime.com: Christoph Weihs / Aeolos (tr). Getty Images: Universal History Archive / UIG (tl). 46 NASA: Brad Ball / Langley Research Center (tr); (cr); J.L. Pickering (br). 55 Alamy Stock Photo: NASA Image Collection (ca). Nerthuz. 50-51 NASA: JSC. 51 NASA: Kennedy Space Center, FL (cra). NASA: (cla, ca). 57 NASA: (tl, cra); Moss (ca). 58 NASA: Ed Hengeveld (clb). 61 Science Photo Library: Babak Tafreshi (tr). 62-63 NASA: (tr). 64 NASA: (tr); KSC (bl). 65 NASA: Center. (c, br); Kipp Teague. (cl). 69 NASA: Image Science and Analysis Laboratory, NASA-Johnson Space Center. 66-67 NASA: (c). 66 NASA: Great Images in NASA (c); (cl). 67 Getty Images: Ralph Morse / The LIFE Picture Collection (cr); (tl). 70-71 NASA. 72 Getty Images: Bob Peterson / The LIFE Images Collection (tc); Evening Standard / Stringer (bl). 72-73 Alamy Stock Photo: Tor Eigeland (bl). 73 Getty Images: Bettmann (tr); The Sydney Morning Herald / Trevor Dallen / Fairfax Media (br). 74 NASA: JSC (ca, tl, tr). 75 NASA: Image Science and Analysis Laboratory, NASA-Johnson Space Center. (tr); . 76 Getty Images: © ABC (bl). 77 NASA: (tl, tr); KSC (cla). 81 Alamy Stock Photo: NASA Photo (tl). Getty Images: Bettmann (cl, cb); Keystone-France / Gamma-Rapho (cr); Keystone-France\Gamma-Rapho (cr); Time Life Pictures / NASA / Photo: Tor Eigeland (bl); George Lipman / The Sydney Morning Herald / Fairfax Media (cra). 82 NASA: JSC (b, tl, tr). 83 NASA: JSC (tl, cl, bl, tr, cr, br). 84 Getty Images: Hulton-Deutsch Collection / CORBIS (br). 85 William Suitor. 87 NASA: JSC (cl, cr). 98-99 NASA: Davis Meltzer (tr). NASA: JSC (cl, ca). 99 NASA: (tl, crb). 100 Alamy Stock Photo: JPL (c). 103 Alamy Stock Photo: J Marshall - Tribaleye Images (tr). NASA: JPL (tl, bl, c); (bc). 104 NASA: JSC (cl). 105 NASA: AFRC (tr). 106 NASA: Goddard Space Flight Center / ASU (c). 95 Alamy Stock Photo: Sputnik (ca, cra). 100-101 Getty Images: Keystone-France / Gamma-Keystone (c). 108 NASA: JSC (br). 109 NASA: JSC (tr/c); MSFC (br). JSC (cl, cr). 98-99 NASA: Davis Meltzer (tr). NASA: JSC (cl, ca). 99 NASA: (tl, crb). 102-103 NASA: JPL (c). 96 NASA: Ed Hengeveld (cr); (c). 97 NASA: The LIFE Picture Collection (bl); George Lipman / The Sydney Morning Herald / Fairfax Media (cra). 93 NASA: Goddard Space Flight Center (cla); (cra, tc). 94 NASA: (cra, cl, bl, br, bc); Space Center. (tr); . 76 Getty Images: © ABC (bl). 77 NASA: (tl, tr); KSC (cla). 81 Alamy Stock Photo: NASA Photo (tl). Getty Images: Bettmann. 102 NASA: JPL-Caltech / KSC (c); JPL (cr, br, cb); JPL / USGS (crb). 102-103 NASA: JPL (c). 103 Alamy Stock Photo: NASA: J.L. Pickering (tc); JSC (bc, bl, r, t). 96 NASA: Ed Hengeveld (cr); (c). 97 NASA: Science Photo (cra). 88-89 NASA. 90-91 NASA: Eugene A. Cernan (b). 91 NASA: (c, tc). 92 NASA: (cla). Smithsonian National Air and Space Museum: National Geographic Image Collection (cra). 101 Alamy Stock Photo: Sergey Galyamin (tc); Sputnik (b). Science Photo MSFC (cra). 94-95 NASA: MSFC (Mission Badges); Goddard Space Flight Center / ASU (c). 95 Alamy Stock Photo: Sputnik (ca, cra). 100-101 Getty Images: Keystone-France / Gamma-Keystone (bc). 101 Alamy Stock Photo: Sergey Galyamin (tc); Sputnik (b). Library: Sputnik (cra). 102 NASA: JPL-Caltech / KSC (c); JPL (cr, br, cb); JPL / USGS (crb). 102-103 NASA: JPL (c). 103 Alamy Stock Photo: Rex by Shutterstock: Denis Cameron (bl). 108 NASA: JSC (br). 109 NASA: JSC (tr/bc); MSFC (br). NASA: Sputnik (cra). 106-107 NASA: JSC (tc). 107 Alamy Stock Photo: ITAR-TASS News Agency (bc); Sputnik (br). NASA: KSC (tr). 114 NASA: (tr); KSC (tl). 115 NASA: JSC (tr, bc); MSFC (br). (cr); JSC (tr); X-ray: CXC / PSU / L.Townsley et al.; Optical: STScI; Infrared: NASA / JPL / PSU / L.Townsley et al. (bl). 112 NASA: (tl, tr); MSFC (c). 113 NASA: (bl, tr). 114-115 NASA: (tr). 114 NASA: (tr); KSC (tl). 124-125 NASA. 124 NASA: JPL-Caltech / KSC (cl, tl, tr). 106-107 NASA: JSC (tc). 107 Alamy Stock Photo: ITAR-TASS News Agency (bc); Sputnik (br). 120 NASA: Bill Ingalls. 121 NASA: Bill Ingalls (cl); JSC (tl). 122-123 NASA. 122 NASA: JSC (cr). 123 NASA: JSC (crb). 127 ESA: NASA / JPL / University of Arizona 117 NASA: (crb, bc). 118 NASA: NASA (clb). NASA: JSC (cr). 119 ESA: NASA (bl). NASA: JSC (tl, cra). 120 NASA: Bill Ingalls. 121 NASA: Johns Hopkins University Applied Physics Laboratory / Carnegie Institution of Washington (crb). 128 NASA: JPL-Caltech / MSSS. 129 NASA: (tc). NASA: JPL-Caltech / KSC / LEGO (cra); JPL (c); Goddard Space Flight Center (tl); Johns Hopkins University Applied Physics Laboratory / Southwest Research Institute (c). 131 NASA: JPL (crb); JHUAPL / SwRI (c). 132-133 Alamy Stock Photo: Krisikorn Tanrattanakunl. NASA: JPL-Caltech (crb). 126 Alamy Stock Photo: Wang Jianmin / Xinhua (tr). NASA: Johns Hopkins University Applied Physics Laboratory / Southwest Research Institute (cb); JPL-Caltech / SwRI / MSSS / Betsy Asher Hall / Gervasio Robles (clb); JPL-Caltech / Space Science Institute (crb). 128 NASA: JPL (cl); JHUAPL / SwRI (c, tr). 137 ESA: J.Huart (bc). Goddard Space Flight Center (br). 130 NASA: ESA, and M. Buie / Southwest Research Institute (tl); Johns Hopkins University Applied Physics Laboratory / Southwest Research Institute (cra). 136 Getty Images: Bryan Chan / Los Angeles Times (br); Robert Laberge (crb). 137 ESA: J.Huart (bc). Getty Images: Pallava Bagla / Corbis (cr). NASA: Bill Ingalls (tl). 138-139 NASA: Robert Markowitz & Bill Stafford (c). 138 NASA: (tl, ca). 139 NASA: (cr, tc). 142 Alamy Stock Photo: Science Collection. 143 Alamy Stock Photo: David Ducros, 2016 (tr). 148 Collection (cl, cl/S7, c). 144 Alamy Stock Photo: Bob Daemmrich (l). Getty Images: SpaceX / Handout (bc). 145 Alamy Stock Photo: Blue Origin (bc). Getty Images: Paul Morigi / WireImage (r). 146 NASA: (clb). 147 NASA: David Ducros, 2016 (tr). 148 Getty Images: VCG. 149 Alamy Stock Photo: Alejandro Miranda (tr). Getty Images: AFP / STR (tc); VCG (tl). 150-151 ESA: Foster + Partners (cr). 151 NASA: Blue Origin (cl). Getty Images: Jason DiVenere / WireImage (cr). NASA: (tr). 160 NASA: SpaceX / KSC (cr). Aerospace (br); ESA / SOHO (tl); (tr). 155 NASA: Dimitri Gerondidakis (cr). 156 NASA: (crb). World View Enterprises, Inc.: (cra). 157 Alamy Stock Photo: Blue Origin (cla). Made In Space, Inc.: (bc/ratchet). NASA: (tr). 160 NASA: SpaceX / KSC / University of Dreamstime.com: Mari1408 (bl, bc, bc/Owl). 158-159 Made In Space, Inc: Dylan Taylor 159 ESA / Hubble: NASA/Nick Rose/http://creativecommons.org/licenses/by/3.0 (bc). 162 Alamy Stock Photo: Dennis MacDonald (tr). Dreamstime.com: Paul Lemke / Lokinthru (cb). 163 123RF.com: Kostic Dusan Bill Stafford (l). 161 Copyright The Boeing Company / Boeing Images: (tr). Joshua Dalsimer: Dava Newman (c). NASA: (crb). 162 Alamy Stock Photo: Dennis MacDonald (tr). 164-165 NASA. 164 NASA: (b). 165 NASA: JPL-Caltech / University of Arizona (crb); (cr). 167 Alamy Stock Photo: BSIP SA (cb); Alex Segre (cl); Aleksey Zakirov (tr). Dorling Kindersley: Richard Leeney / Bergen County, NJ, Law and Public Safety Institute (tl). 170-171 NASA: Clouds AO / SEArch. 171 NASA: University of Arizona (tr). 172 NASA: JPL-Caltech / Space Science Institute (br); (cl, t). 173 Dreamstime.com: Okea (c). NASA: JPL-Caltech / MSSS / Texas A&M Univ. (bl). 170-171 NASA: Clouds AO / SEArch. 171 NASA: iPad is a trademark of Apple Inc., registered in the U.S. and other countries. (cla). Getty Images: CBS Arizona (crb); (cr). 167 Alamy Stock Photo: BSIP SA (cb); Alex Segre (cl). NASA: JPL / Cornell. 169 NASA: SETI Institute (bl). 174 Dreamstime.com: Jf123 / iPad is a trademark of Apple Inc. (br). Dreamstime.com: Colette6 (cl); Duskbabe (cr). Getty Images: Hulton Photo Archive (cla); Keith Hamshere / INACTIVE (cra). NASA (tl). Alamy Stock Photo: Hanna-Barbera / Everett Collection (cra). Dreamstime.com: 175 123RF.com: Micha? Giel / gielmichal (br/tv). Alamy Stock Photo: 177 NASA: (c); KSC (tl, bl). Virgin Galactic (cra). 180-181 Getty Images: Matjaz Slanic / E+. 180 NASA: ESA, and the Hubble Heritage (STScI / AURA)-ESA / Hubble Collaboration (br). 176 NASA: KSC (bl). Science Photo Library: Sputnik (tr). 177 NASA: (c); KSC (tl, bl). Virgin Galactic (cra). NASA: JPL-Caltech / Space Science Institute (cla). 182-183 NASA. 183 NASA: (cra). 184-185 NASA: JSC (cra). Cover images: Front and Back: Dreamstime.com: Igor Marusitsenko (background)

其他全部图片所有权归属于多林金斯德利
更多信息请见：www.dkimages.com